苏州

优雅

女性品位进阶之道

郭弈翎 著

elegance

中国铁道出版社有限公司
CHINA RAILWAY PUBLISHING HOUSE CO., LTD.

图书在版编目（CIP）数据

优雅:女性品位进阶之道/郭弈翎著.—北京：中国
铁道出版社有限公司，2020.7
　ISBN 978-7-113-26842-8

　Ⅰ.①优… Ⅱ.①郭… Ⅲ.①女性-修养-通俗读物
Ⅳ.①B825.5-49

　中国版本图书馆CIP数据核字(2020)第072275号

书　　名：**优雅：女性品位进阶之道**
作　　者：郭弈翎

策　　划：巨　凤　　　　　　读者热线：(010)63560056
责任编辑：王　佩　巨　凤
编辑助理：王伟彤
责任印制：赵星辰　　　　　　封面设计：仙境

出版发行：中国铁道出版社有限公司（100054，北京市西城区右安门西街8号）
印　　刷：三河市宏盛印务有限公司
版　　次：2020年7月第1版　2020年7月第1次印刷
开　　本：880 mm×1 230 mm　1/32　印张：5.75　插页：4　字数：121千
书　　号：ISBN 978-7-113-26842-8
定　　价：55.00元

序

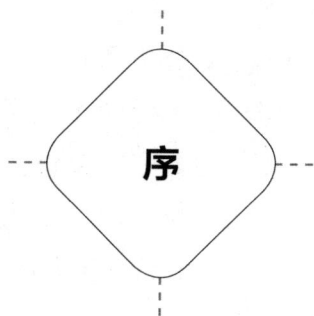

出于情深，也出于义重

距离 2017 年《优雅：让你脱颖而出的气场修炼法》的出版已有三年，当时上架一个月不到，出版社老师就通知我加印了。那段时间，几乎一两个月加印一次。为此，我深深感谢你们的厚爱，包括在课堂上认识我的你们、通过文字认识我的你们、通过喜马拉雅音频栏目认识我的你们，以及通过朋友推荐认识我的你们。

这是我的第二本书，对于主题的选定我思考了许久，在我研究的课程领域内，到底什么才是大家最需要的。最后我决定从优雅的进阶这个点入手来写。无论你是初入职场的朋友、企业高管、还是各大高校总裁班的学员，我希望你们都能以独立、美好的姿态去行走人生，都能学会辨别和拥有最适合自己的最独特、最容易让人记住的展示。我的公众微信和音频栏目名字叫"弈翎不是教你装"，这个"装"，不单单是服装的意思，真正的美是从内到外浑然天成呈现的，只有内在和外在匹配一致，呈现出来的效果才会协调。

书的大纲修改了多次，直到在米兰进修期间才最终确定。这本书从意大利一路写到了巴黎。写关于香水的文章，特意去香水之城格拉斯小镇做研究；写到艺术类话题，专门去米兰参观了好些教堂和博物馆，也向中国美院的教授请教过一些美学问题；讲到奢侈品和小众品牌话题的时候，特意去佛罗伦萨看古驰的展览，也坐过两小时的车去米兰周边的地方去看阿玛尼的展览；写到关于化妆品的内容，那个时候我正在异国他乡皮肤过敏，顶着满脸的红肿，依然忍不住去体验各种新奇的产品。出版社编辑老师审稿后，我们又新增了一些实用的内容。关于时尚的课题，唯有自身体验，文字才更加有说服力。所以我想每个认真写字的人，写的每一本书都像自己的孩子，一定曾为之倾尽所有精力。正是因为满腔热爱，才有了坚持，才有了更多美好的书香传递。

这本书分为三章，第一章为时尚进阶，第二章为品位进阶，第三章为能力进阶。我把这几年里走过的路、见过的风景、遇见的人和事都写进了这本书里，希望能够对大家有一点帮助，我就非常开心了。人生有一份幸运是，工作恰好正是自己所爱。站的三尺讲台、每周坚持的文章和录制的音频，都是发自内心的所爱。

非常感谢工作上小伙伴们打理好其他琐事，我才有更多安静下来的时间，去思考和总结；感谢身边同行的朋友们，在我对这本书的思路规划上，很多人都热情地出谋划策；感谢在写作问题上我请教过的朋友们；感谢喜马拉雅的领导和编辑们，在流量激烈竞争白热化的今天，依旧给予我最大的支持，每周一次焦点图，雷打不动。特别感谢这几年一直关注我成长和发展的出版社编辑巨老师，在我写稿期间，长期与我隔着 7 小时的时差沟通，十分辛苦。还有一路亦师亦友的小花（杭城第一造型师），十分重视我对外形象的展示，但凡重要一点的场合，小花都要亲自操刀，在时尚问题上我们也常常探讨。也感谢制片陶老师，在上节目做点评嘉宾期间，无论为人还是处事上他都教会我许多。

所有的遇见，都是特别的缘分。一路走来，我得到过许多善意和美好，也希望能把这份幸运传递给你们。在以后的日子，我会继续坚持在每周公众微信和音频上与你们分享。每一次分享，出于情深，也出于义重。同行路上，与你们一起成长。时光不老，我们不散。

郭弈翎

2020 年 1 月于伦敦

目 录
Contents

时尚进阶

第一章

品位进阶

能力进阶

第一章
时尚进阶

优雅：女性品位进阶之道

1.1
我的形象我做主

个人品牌魅力修炼法则

"大家都是成年人，没有谁因为你年纪小，或者资历浅，就原谅你的不周到。"

每个行业都需要做口碑，个人品牌魅力修炼不是一天两天就可以做好，长期与不同场合的人打交道，发现好些真正有底气的人，人家哪怕穿双布鞋站在你面前，也同样很有气场。穿衣打扮仅仅是表象，向内行走，选择适合自己的就好。

内修的第一点，学识。

这个和原始学历没有关系，这里不提倡各种线上线下玩命学习，要搞清楚自己真正想要的是什么。

学识里又可以分为三个点，首先是见识。见多了，自然不会露怯。我在上课的过程中，聊到这个点时经常会给大家分享各地行走的图片和视频。比如在日本，会感受到服务意识和匠人精神；在一些相对落后一点的国家，反而会感知到他们的慢生活，他们收入一两千，用完了再挣钱，不用在意我们操碎了心的学区房，也没有各种品牌的比拼。

太多的事情，只有自己经历过，感受过，才可以坦然地分享。有人觉得自己平时没有这个时间和精力，那可以趁周末时间去所在城市的周边多看看，比如博物馆、图书馆、展览馆等，这些都可以帮助我们增长见识。

其次是读书。最好是没有功利性地去阅读，这样可以陶冶情操、净化心灵。

第三是学习。学习有很多种，很多人利用碎片化时间来学习。真正的学习，是要融会贯通的，是需要自己思考的，而不是单纯只是看过就算学习了。我自己的学习安排：每年会出国进修一次，学一些自己喜欢的课程，有的可能和工作有关，有的就是和喜好相关。再比如会听一些图书馆的讲座等。

内修的第二点，是爱好。

试着问下自己，到底有没有爱好？不要生活了无生趣，没有爱好可以培养。给一些高校女性企业家班上课，我看到好多坚持练习瑜伽的领导，都显得年轻且体态好。那种体态好，不是装出来的。常年练习舞蹈的朋友，也能感受到她们在任何环境中都是保持优雅的仪态。

我有位朋友是全职太太，带着两个孩子，常穿棉麻风服装，爱好摄影，把家里生活的碎片都记录下来。

有位姐姐因为喜欢艺术，自己在萧山开了一个美学馆，开展一些成人油画或儿童艺术类培训。闲暇时，看书、画画是她的"最爱"。艺术，还是需要熏陶的，和审美一样。

还有一位机构的合伙人，年底我们一起喝咖啡，她跟我说最大的爱好，就是保养皮肤，每天晚上会花很长时间护理皮肤。有了爱好，人才会发光，她的皮肤确实相当好，通透光洁，泛着红晕。

内修的第三点，情商修炼。

职场中会遇到很多人，有特别周到的，也有不太周到的。大家都是成年人，没有谁因为你年纪小，或者资历浅，就原谅你的不周到。在工作面前，人人平等。情商高的人，有些是父母遗传的，但绝大部分都是后天习来的。比如，某次我咨询阿里一位高管，想帮朋友递个简历。我还没开口说简历的事情，人家就主动说，是不是要我帮忙推荐，简历发我邮箱，我帮你发。这位高管的情商就比较高，还没等对方开口，就明白怎么做能帮到你。

<u>内修的第四点，安静下来，独处。</u>

现代社会工作、生活节奏快，大家都忙。初入职场的朋友，忙着求生存；中高层管理者，忙着对接各种资源，各种提升；CEO们，忙着公司扩张、上市，都挺累的。每周，是不是可以给自己一个独处的时间，没有觥筹交错，没有各种往来，好好复盘，或者和真正可以谈事情的朋友聊聊天，轻松自在，没有任何功利。

　　真正长久的是内在美，当然同时具备外在美那是加分项，毕竟内外兼修会更好。在生活和工作中为人处事的时候，口碑也是个人魅力的一方面，宁愿吃点亏，不要让自己的口碑下降，钱财这些身外物，都可以慢慢赚回来，一个人一旦口碑不好了，很多机会可能就没有了。

如何强化你的职场专业形象

对于形象的理解不单单是简单的外在，专业的职场形象会带给我们更多附加的价值。

早年前，看到一位女老师在电视台做节目和平时上课都穿同样一套衣服。我当时悄悄地跟我一直合作的机构领导说，"她应该不缺钱，为什么不多买几套衣服呢？出席不同场合要穿不同衣服呀。"这位领导说，"那就是你不懂了，大部分公众场合都穿同一套衣服，说明这是要让大家记忆深刻，有辨识度。"现在仔细想想这些问题，确实有道理。好多公众人物都有自己独有的特点，比如乔布斯的 T 恤和牛仔裤，马云不同颜色的毛衣等。

作为寻常的我们，越是走到更高的位置，整体给人家呈现的专业形象就更加重要了。可能二十出头的时候乱穿衣，各个风格都可以尝试。到了 30 岁以后，真的该好好想一下，职场上你需要呈现出来的状态。

职场的穿着搭配还是需要给自己找好定位的，一定要有辨识度。比如有些女生腿长，穿裤装就会干净利落；有些女生本身就有 S 形，任何裙装都可以驾驭得很好。每个人情况不一样，不要光听别人建议，气质没有修炼好，有的衣服也穿不出气场。就像某定制店老板跟我说，纯白的长衫类衣服，能够驾驭的人穿上会非常仙，驾驭不了的人穿上就体现不出长衫的美。

职场穿衣打扮还要考虑你所在的行业、单位和大家同事对你的形象认知。初入职场，新员工和单位高管的形象要求不一样。如果是中高层管理者的专业形象，我们建议：

第一，不要选择大面积亮闪闪的配饰。钻戒，排戒，衣服上小范围的水钻，都还可以。相反那种在衣服有整片水钻的镶嵌就不建议。鞋子上带亮钻，也要分款式，比如周仰杰这个品牌的鞋子，材质较好，上脚也不显得俗气。明星艺人出席活动需要特别高的鞋子，好多都是穿着带有防水台的厚底鞋，反正她们裙子遮住也看不到。从近两年流行角度来看，不太流行带防水台的鞋子和鱼嘴鞋，较受欢迎的是尖头，细高跟的单鞋。

第二，服饰的材质和剪裁比品牌重要。价值 5000 元的衣服大部分人穿都好看，把五百元的衣服穿成五千元价值的效果才是能耐和本事。真正好的衣服，是骨子里透出来的那种好，放在那里，衣服自己都会说话。

第三，妆不要太浓。脸上不要同时出现好几个重点，配饰质感好，或者尽量少。我时常和小花探讨时尚的观点，她也聊到，什么类型的衣服我们都有，但是配饰一定要注意质感，不管是从什么渠道买，尽量是挑选材质最好的，配饰的质感最容易露怯。

在职场专业形象上，尽量保持总体风格统一，在大风格定了的情况下，再去考虑我们想要的辨识度，可尝试多在配饰上下功夫。比如英国女王，大家就记住了她不同颜色和款式的帽子，还有出席不同活动佩戴的胸针；香奈儿女士，大家就记住了她长长短短的珍珠项链。

工作之外的场合着装

"雅集活动上衣服类，首选中式风，比如浅色舒适棉麻汉服，另外不要用香水，不要浓妆艳抹。"

关于场合着装，要根据场地环境、天气、活动主题来定当天的着装风格。比如现在流行的雅集、茶道、香道类的活动。

好几年前，有学员问过我："老师，客户约我们一起去品香，我不知道要注意什么。"现在大部分的雅集活动，都和诗词歌赋有关系，弹琴唱歌，有茶有香。如果希望去结交朋友的话，建议早一点到场。大家刚到一个陌生地方，都会有一些拘束，在会场主动一点终归没错。但是不建议，给每个人都递名片，这样对方反而记不住你。着装类，首选中式风，比如浅色舒适棉麻汉服。需要注意的是不要用香水。

标准的汉服很难穿出去，类似中式风就好。需要席地而坐的地方，注意裙长。有的雅集活动一般需要盘腿坐在蒲团上，所以太修身的旗袍可能不太合适，衣服要宽松舒适一点。

还有一点，不要浓妆艳抹。参加这类活动，大家一般都比较素雅，所以口红色要慎重选择。比如大红色或者颜色较浓的颜色就不太适合。本身高冷的着装就容易让对方觉得不容易接近，假如你是真的想去结交朋友，建议还是淡妆较好。

为什么不要浓妆艳抹？第一，会显得不合群；第二，不受大家喜欢，如果你不在意这些，那没关系；第三，这类活动，肯定有主办方老师、承办人等，人家的场地，不要抢风头。女孩子之间都爱攀比，特别是有些场合，大家都不甘示弱。某次活动上，看到有位姑娘，穿着风很高冷，涂了大红色口红，后来席间听人介绍才知她是某集团下一个小项目负责人。那天我穿的衣服就是一件真丝的中式风裙子，收起了闪亮的钻戒，换成了翡翠镯子，外加珍珠链表，口红涂的是一款娇兰的淡粉色唇膏。（平时我口红颜色都比较艳丽，因为上课需要气场。）

当出席客户答谢会这类场合时，就需要把自己打扮得美美的，怎么好看怎么穿。要注意会场的灯光，不同的灯光，打在脸上效果不一样。注意粉底颜色，妆容浓淡等。如果是晚上出席活动，涉及拍照上镜的话，妆容稍微浓一点也是可以的。因为上镜对五官立体感要求比较高，可以适当用些高光粉，我比较推荐 CPB 高光，外加修容粉，这样出来的妆容会显得脸小。当然这个时候想用大红色口红，也没人觉得不合适。在着装方面，要注意衣服的颜色不要和背景色相同。

如果参加旗袍文化类的沙龙，要注意配饰和旗袍本身的协调性。有些旗袍颜色淡雅，就不要搭配过于华丽的配饰，简单的银镯子就行。丝绸类旗袍，搭配珍珠、翡翠相关的配饰应该不会出错。要记住：在重要的场合，一两件价值不菲的配饰就足够彰显身份了，即身上的亮点不要过多。

普通人如何打造专属的"高级感"

弈翎说

"高级感的呈现，不是刻意展示昂贵的东西，更多的是，不要让自己美得空洞，肚子里要有知识，为人处事要周到，要尽可能多见一些世面。"

"高级感"这个词语，通俗地理解可以理解为质感，即除去外在服饰、配饰的质量好坏，更多的是给人呈现的一种状态。

高级的东西，一定是经得起时间推敲的。我在讲品牌鉴赏课程的时候，经常会给学员放一段视频——1999年香奈儿的秀场。因为它的理念和内涵一直引领着整个时尚界，从未过时。那对于我们普通人来说，要怎么从内到外体现出自身的高级感呢？简要总结为以下几点：

第一：发型。职场女性，多以短发、盘发、长卷发或长直发为主，每次出门前建议用心去打理。如果你的头发比较稀薄，容易贴头皮，建议用吹风机把发根吹干，让头发显得有蓬松感。如果你的发型是卷发，建议用弹力素或者精油，推荐欧树万能油，尽量不要让头发变得毛躁。让卷发蓬松还有一种方法是，选择带风罩的吹风机，头发吹到半干的时候，往卷发上稍微擦点护理油，用手指把头发向内卷，往内扣，卷好后再放到风罩上烘干，最后打理出来就是蓬松自然的大卷发了（如果初次尝试，建议先找相关视频观看，或咨询理发师）。对于一些比较复杂的发型，如果你平时工作非常忙，建议还是慎选，因为会耗费你很长时间。

第二：妆容。妆容我建议日常可以画淡妆，浓妆可选择在必要场合画。如果日常化浓妆，会显得年龄比较大。化淡妆时，底妆要干净。对粉底的选择，建议选择遮瑕保湿长久一些的。油性皮肤的人，可以考虑雅诗兰黛 DW 粉底液，上妆可以持久一整天。眼线笔的颜色，建议选择深咖色（可以根据自己的发色来搭配）。眼影的颜色要与口红颜色相呼应，当眼影颜色浓的时候，口红要选择稍微清淡一点的颜色，大红色和复古红色要慎用。

第三：颈纹。平时保养可以选择专用颈霜，或者擦脸的面霜，每天不要忘记涂抹颈部，手法由下往上涂抹。没事少低头玩手机，枕头低一点，可以缓解颈纹的生长，要早点预防。要求比较高的朋友，可以选择真丝缎面枕套，真丝对皮肤也有好处。

第四：其他。美甲时，不要将指甲涂成五颜六色，不要添加各种水钻。如果你所从事的行业非时尚类，建议选择淡粉色、裸色指甲油，这样显得更有内涵。女孩子不一定非得涂指甲油，偶尔去 spa 馆放松一下，会让自己的心情愉悦。没空的时候，做做手部护理，或者做个手膜。做家务的时候，带双清洁手套，可以缓解手部皮肤变得粗糙。到了夏季，如果需要穿泳衣或比基尼时记得要剃腋毛。

内外兼修，才是真正的美。我从来不认为，单单一张脸和凹凸有致的身材，就足以代表所有女性的美。高级感的呈现，不是

刻意要展示用多少贵的化妆品，穿多好的衣服，更多的是，不要美得空洞，要肚子里有知识，为人处事要周到，尽可能多见一些世面。

每个人生活的城市不一样，所做的工作不一样，所处的环境也不一样，我因为工作的关系去过好多城市，虽然不会长时间停留，但会选择在下课后或者闲暇时在酒店附近走一走，看一看。当你工作中遇到不顺心的事情时，选择一个开放的、舒适的环境待一会儿，心情会大不同。

在处理事情方面，不要慌张，特别是遇到比较棘手的事情时，慢一点、缓一点，冷静处理。十年的职场生涯给我的最大感触就是，上天给你关了一扇窗的同时，真的会给你打开一扇门。门比窗大多了，只要你努力了，加上与人为善，想要的东西自然会有。

眼界开阔一点，格局高一点，呈现出来的状态自然会不一样。大家都在自我修炼的路上，一起加油。

驾轻就熟，秀出中式风的高级感

弈翎说

"对于物质和买买买，都是建立在精神世界之外的事情。不是说喜欢穿衣打扮就虚荣，就没有内涵。气质和内涵不是靠嘴说出来的，也不是一天两天就能培养起来的。买再多，穿再多，内心不要贫瘠就好。"

　　这几年跟一些定制服装的工作室朋友聊天，他们反映师傅的工费上涨，实体店和网上店铺销售的都是一水的中式风服装，竞品太多很难体现真正的高级感。

　　关于中式风服装的内容，我在这里分享一下常见的改良款。

　　写这篇文章的时候，我特意逛了杭州主要商场的中式风品牌。

　　商家的定位以 35 岁以上的女性为主，考虑更多的是消费者的购买力，因为中式风的服装以刺绣和手工为主，成本较高，所以售价也比较高。

　　这些商家里，有的是自己独有品牌，有的是独立设计师品牌。款式是各具特色，比如有的衣服就设计得很优雅，刺绣针脚很匀称别致，有的衣服就是加入了各种水钻、亮片元素。

我认为，美不需要用力过猛，不需要太多附加的东西，点缀就行。大面积的添加亮片和水钻元素，更适合参加盛大活动时穿。这里需要注意一点：水钻和亮片的质感很重要，因为它更能凸显你在活动中整体形象的高级感。

市面上的改良款衣服中还存在一个问题，即面料粗糙。好多消费者是分不清羊绒和羊毛材质的，羊毛分为粗纺和精纺，精纺面料大多用来做男士西装，我曾选过几块浅色精纺面料做旗袍，做好后也不觉得突兀，质感很好，反而尽显毛料的筋骨。至于粗纺，相对厚一点，从我做过几十件旗袍的经验来看，面料克重为 500 克以上的，就不太适合做旗袍了，冬天的旗袍面料，选用 300 克左右，是比较适合的。有的面料太过粗糙，也不适合做改良款。专业的面料知识这里不做过多讲解，强调一点，不管是羊绒材质还是羊毛材质，面料穿起来要舒服，看着要有质感。

江浙一带的古街上，旗袍店铺随处可见，很多都是机器制作，标准的尺码，千篇一律的款式，没有特点，自然也体现不了高级感。而手工缝制的旗袍，会更胜一筹。

我们在选择时避开就好，另外搭配得体也是一个加分项。太过时尚的搭配，对于中式风服装来说，可能不大合适。选择保险一点的配饰，比如珍珠、翡翠，搭配旗袍会合协调。某次在浙大 MBA 班上，来上课的都是女性领导，前排几位领导的手上戴着通透水灵的玉镯，瞬间觉得这样的女子温婉美好，柔性的力量也尽显出来。

也有一些朋友会选择蜜蜡、琥珀、南红、黄花梨等大一点的配饰来搭配中式风服装。

关于中式服装品牌，上海地区的中式风服装品牌，无论是材质还是款式大都不错。吉祥斋的服务、设计以及面料都挺好。高阶一点的去看夏姿陈，现在有的定制店也会有大量夏姿陈的类似款。关于旗袍类的改良款，蔓楼兰是一个不错的品牌，主要消费群体为 22 ~ 35 岁的女性。蔓楼兰的旗袍，原汁原味，侧襟盘扣的款式少，几乎都是改良款，水钻很多的款式慎选。木真了这个品牌的服装款式相对成熟一些，轻熟女的年纪可以选择最简单的基本款。渔牌注重在自然生活中导入时尚休闲元素，款式比较有辨识度。不同的品牌，设计风格有所不同，定位及特色也是独具风格。就像有的香水味道一样，爱的人很爱，不喜欢的人就很不喜欢。

见萍是新晋品牌，店铺门口有一个绣花老师傅在手工刺绣，店里传统旗袍很少，都是改良的中式风。衣服上盘扣用的珠子，也是精挑细选过的。

每个人的需求和生活环境都不一样，书写的文字坚持尽量真实地去表达，不迎合谁，这也是乐趣之一吧。

对于物质和买买买，都是建立在精神世界之外的事情，不是说喜欢穿衣打扮就虚荣，就没有内涵、气质。一个人有没有内涵与隐藏在深处的气质、胸怀、思想境界有关，不是一天两天就可以习得的。买再多，穿再多，内心不要贫瘠就好。

1.2
品牌鉴赏进阶

被误解的香奈儿

弈翎说

"不要打着爱情的名义去图钱，真情真心比钱重要太多太多。君子之交淡如水，尽量所有的感情都单纯一点。"

被瞩目到的人，自然有她们被瞩目的原因。在我的《品牌鉴赏》课上，我会跟我的学员讲香奈儿，会谈到装香奈儿 5 号以及她家各种经典款式的包。

香奈儿从小在修道院长大，在咖啡馆唱歌的时候遇到一名军官，再后来遇到一位商人，改变了她的命运。

曾看过《香奈儿的秘密情史》这部电影，里面提到她和一位俄国作曲家的恋情，当然最后没有在一起。

香奈儿说过，"如果你未背着翅膀出生，那就自己长一对出来。"

她童年是不幸福的，妈妈带着她们一家人去投靠姨母们，后来妈妈去世，爸爸离家出走再没有回来，她和姐姐被送到了修道院。

后来香奈儿女士开了帽子店，开了高级时装屋，就是我们现在说的高定店铺。

做任何事情都不是一蹴而就的，看着身居要职的年轻好看的女性，或者年纪轻轻开跑车背名包的姑娘，好多人都会多想。

香奈儿开帽子店和她本身巧夺天工的针线活有关系。有技术和审美，才是做事的前提。在修道院的时候，她针线活就非常好。现在品牌代表的以山茶花为元素的作品，也和她在修道院的时候有关系。一次一位嬷嬷给了她一条手帕做测试，让她把印在书上的山茶花图案绣上去。我们都知道山茶花其实相当复杂，很多花瓣。她以前帮妈妈绣过几次，这次同样绣得很艰难，最后的山茶花盛开在手帕上，嬷嬷说从来没有见过哪个孩子绣得如此好。

香奈儿在酒馆唱歌的时候遇到法国非常富有的继承人之一，巴桑。关于感情，那个时候的追求真的不是现在这样的赤裸裸。任何事情有迂回，有过程才美。

香奈儿当时的主要工作是在裁缝店做修补，晚上才去酒馆兼职唱歌。追她的巴桑，也会时常送去没有任何破洞的衬衫修补。后来也是正常的相互了解追求的过程。

只是可贵的是，香奈儿在这个阶段依旧自己努力，还和姐妹搬家去了其他城市，租住这普通的房子，白天工作，晚上在当地的酒馆表演。

巴桑一直在找她，有缘分的人，怎么都有缘分。看着过得不好的她，巴桑很心痛，决定要带她去他的新庄园。后来她在这个城堡里过了几年，过着不操心的生活。在城堡里的这几年，她一样有自己的爱好——做帽子，后来这些帽子成了巴黎上层女性的最爱。

几年后，在巴桑的城堡里，她遇到了真正欣赏的人——一位商人，人总会欣赏和认同骨子里的同类。香奈儿和他去了巴黎，开了帽子店和后来的高级时装屋。

每一位被瞩目的人，都不是单纯凭运气，自然经历了常人无法想象的艰难。我没去细写香奈儿的童年多艰难和不堪，在巴黎做生意的阶段，遇到多少难事，哪怕有人帮衬，但主要做事情是靠自己的，正是所有的不容易才成就了后来的她。

对女性来说，人生的某些阶段，可能会遇到某个倾力相携的人，但请务必自己努力，不要丢了生存的能力。不要打着爱情的名义去图不属于自己的钱，真情真心比钱重要太多太多。君子之交淡如水，尽量所有的感情都单纯一点。那些真正要操心你的人，他们肯定会考虑到你需要什么。

再有，对旁观者来说，不要去误解，不要以为好些女性不到三十就拥有了很多人一辈子努力才可以有的东西，也有可能人家本身家境好，或者真是运气好，又努力，自然有更多机会。

任何一个品牌，我们都理性看待，喜欢它本身的文化、设计和质量，再有是带给我们的愉悦感。我这种念旧的人，很多物品不经常换，代表着某月上了二十场课后，给自己的犒赏，代表着某次生日，想要一件一辈子都不丢弃的饰物，代表着出差多年后，它们都还在，见证了我们整个披星戴月的日子。

解密中古店那些物超所值的奢侈品

　　"中古店"，从名字上来看，具有很浓重的日本特色，原意为二手，中古店顾名思义就是二手店，现在这个词在我国台湾地区和香港地区都非常普及。

　　在日本的大黑屋、东京、大阪等地的购物中心，有很多中古店。这些店不但可以寄卖物品，还可以给物品做护理或者翻新等。很多人觉得在国外购物会没有安全感，有的担心语言沟通问题，有的担心物品的真假问题，其实不用太担心，很多地方都有中文导购，对于物品的真假，建议自己可以先学习一些这方面的知识，或者到正规店面购买。

第一章 时尚进阶

21

　　在日本中古店里，除了一些奢侈品包外，还可以关注一下日本当地的首饰，值得一提的是日本的海水珍珠是十分有特色，我曾购入御木本的一个珍珠手表，确实很美。

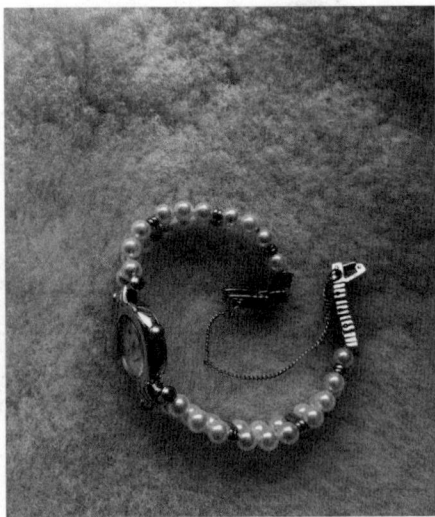

中古包，最大的特点就是复古时尚、性价比高且不容易撞款，有一些款式甚至是某个时期的代表作，例如香奈儿最近较为流行的双肩包，菲拉格慕的马蹄扣、卡地亚的豹子头等。

一个 35 尺寸的爱马仕铂金包，在国内专柜售价近 10 万元，可能需要配货才能拿得到，另外还需要购买其他配件产品，加起来买一个这样的包起码要花 20 万元左右。在中古店里，价位会相对便宜一些。

像路易威登老花的某些款式，如邮差包，有些中古店价格比较划算，但唯一的缺点就是款式有些陈旧，不过在中古店，还是不要抱着买新款的心态了。在国内一些二手店里，买到新款的可

能性还是有的，一次我去一家奢侈品护理店护理包的时候，看到有一个姑娘带了好几个包去寄卖，说是别人送的礼物，都是当季的新款。在国外，这种情况一般不多。

那么，奢侈品如何保值呢？有的人花了很多钱买了一个包，于是放在家里橱窗里，舍不得用，等着包升值，过了几年后，拿去寄卖，用卖掉的钱又买新的包。对于我而言，我个人的观点是，保持平常心就好，东西买来是用的，经常给它做做护理，好好保养，让其价值最大化，就是它的升值。如果真让我推荐升值产品的话，翡翠、玉器之类的可以考虑。

中古店的店员认为，折旧率不太高的品牌有三个，分别是爱马仕、香奈儿、路易威登。这个可能也和品牌这个售价和运营有关系，在欧洲，古驰、普拉达等品牌在打折季节都有折扣，但上面我提到的这三个品牌几乎没有折扣。

在我国香港特别行政区，很多白领精英都喜欢用新款，但又不可能每季都去买新款，大多数时就是这一季用过了，就觉得已经是旧的了，于是便把包送到二手店寄卖，有些店铺会直接回收，有些店铺可能会给到卖家三分之一的钱直接买下包包。之前听朋友聊起，有个姑娘因为急需用钱，把自己的很多奢侈品全部送到了二手店，其中有一款古驰的包包购入价格是一万五千元左右，还是崭新的，但直接被店铺回收，她只拿到了 3000 元左右的回收价。

因此，如果大家急需用钱的话，建议大家早点送去寄卖，寄卖的价格可能会相对高一些，全新的可能出售价在七折或八折左右，若物品本身就比较旧了，可以听听店主的建议。

在购买方式上，有些人喜欢通过微信购买，还有的喜欢从电商平台购买。要提醒大家的是，如果从线上购买，单纯通过照片来辨别真假的话，一定要仔细观察，让卖家多提供一些实拍照片。一些需要定型的包包，够不够挺；包包的手柄、边角、表面有无划痕，皮面有无染色等。通过多种方式来分析包的使用频率。有一种漆皮的包包十分容易染色，而且打理起来非常麻烦，因此在购买前一定要仔细再仔细，慎重选择。

在我们日常的使用中，手柄部分确实比较容易脏，我们可以通过绑一个小丝巾或者绑带来装饰一下，既好看又耐脏。

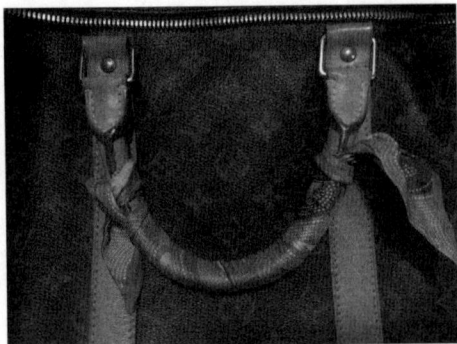

有人问，在中古店，会不会买到假货？在日本的中古店，都是要在公安机关备案的，而且产品大都是 20 世纪 80 年代、90 年代的，遇到假货的概率较低。

如果要买手表的话，在日本买劳力士是比较好的，特别是在汇率比较合适的时候，会省下很多钱。

曾经关注过一个作者，她到了大洋洲以后对当地的中古文化较难接受，认为包包、手表一定要买新的，不喜欢别人用过的东西，所以选择中古产品还是要看大家个人的接受度。也有一位作家在欧洲的时候，到中古店试穿过一件王薇薇设计的婚纱，王微微设计的婚纱价位很高，但当时店里的价格十分划算，她穿起来也极其合体，但是考虑到婚纱体积太大，带回国实在麻烦就放弃了，事后后悔不已。

关于中古文化，个人的观点就是求同存异。我自己用的包包、戴的手表如果不太喜欢了，一般会送朋友。我一般会选择一些经典款的包包，方便搭配衣服，这样可以做到课程现场和日常兼顾。配饰的话，每年会买几个自己喜欢的品牌的产品。很多时候潮流都是轮回的，可能几年前的款式现在看是过时的，但是过个五年十年，又开始流行起来了。

中古店，就是能让你花更少的钱，买到更物超所值的奢侈品，如果你认同中古文化，那就赶紧去中古店搜罗一番吧。

旧物，承载着主人的过往

弈翎说

"每件瓷皿，仿佛都有一个故事，而到了下一位主人手里，又有新的故事开始了。"

去好些国家旅行，我都会去当地的古董市场看看，虽然不一定买好多东西，但一定会花时间去认真欣赏这些旧物，感受藏在旧物里的过往。

对于女人来说，我们总是会觉得衣橱里少一件衣服，首饰盒

里少一件配饰。我因工作的关系对服装的流行趋势、品牌新款、各类护肤、化妆品新出的套装以及首饰的款式了解较多，保持严谨和职业的工作态度，给学员正确的引导和建议。在生活中，我相对喜欢古朴的东西，比如旗袍、香，喜欢用的包也是那几个经典款。

巴黎的圣图安跳蚤市场，号称是世界上最大的市场，好些国家的生意人都来这里拿货。我第一次去圣图安跳蚤市场时，是和一个在巴黎留学的姑娘去的，感觉那里的治安不太好，市场里有用各种语言跟我们搭讪的男生。另外听说，市场里明抢暗偷的情况时有发生，所以单独一个女孩子不太建议去。

那里的环境有些不太好，路边还有帐篷，可能是流浪汉的居所吧。市场里，有的店铺卖的全是路易威登的包包，有的店铺卖的是多年前的旅行箱，岁月的痕迹承载了物品主人的经历。一万多元的价格，与现在箱子的原价相比，还是挺合适的。

随意走进一家家具店铺，18世纪的古董家具，好些看起来还很新。和现在我们看到的某些欧式家具，真的不是一个概念。

当时因为不太可能买家具回国，就没有询问详细价格。但我知道有些姑娘，从事的是满世界演出的工作，家里的软装都是从世界各地淘回来的，可见她们对生活的热爱。记得在某个城市旅行的时候，无意间走进了一家西洋家具店铺，看到令人咋舌的价格，和圣图安跳蚤市场的家具对比后，我就在想，艺术的东西，本身不是那么贵，可能漂洋过海，也可能因为有专人运营，就很贵了。再比如超市几欧元的餐前酒，有的地方却卖出十倍的价格。人为的，好些东西，就变得好像不是普通人该拥有的了，确实有些可悲。

　　在家具区域，看到有些店铺里售卖好些银器、杯碟、烛台等器皿。这些器皿里有了年代感的沧桑，它们不是华丽丽的金碧辉煌，不是简单的粗制滥造，而是融入骨子里面的精致。每件器皿，仿佛都有一个故事，而到了下一位主人手里，又有了新的故事。

　　圣图安跳蚤市场里有些店铺卖的是皮草，有的是早年前的香奈儿外套，有的是 YSL 套装。仔细看了其工艺和细节，除了品牌价值外，其辅料、细节都是值得考究的，自然贵有贵的道理。

　　曾和一个喜欢写作的姑娘聊起古董市场这个话题，她说她在
欧洲其他国家的古董市场淘到好些好看的耳夹。一次，无意中在
小红书上看到张静初分享的内容，也提到在好些国家的古董市
场，淘到很多复古的配饰，用来搭配简单的服装，特别有味道。
我自己有几对复古耳夹，耳夹稍大一些，佩戴久了耳朵容易痛，
只能拍照用，或者戴一小会儿。

在各国的古董市场中，也在传递着物尽其用的文化。在一些物欲上，建议大家尽量少买那些不太需要的东西，或者用不上的物品。

念情的人，都念旧。一辈子很长，正如吕方的《老情歌》里唱的，情歌还是老的好。人也是一样，随着时间的慢慢推移，能够一直在身边的感情，才越加醇厚。莫负春光，寻一件质朴的旧物，和曾经沧海难为水的那个人，一起到老。

自己才是自己的奢侈品

"对于女人来说，脸上的模样，真的是心底的样子。过得好不好，开不开心，一张脸就足以表达。"

关于奢侈品，大部分朋友都觉得可能是外物，每个人对其的定义真的不一样，我觉得奢侈品不仅仅是包包、手表、配饰等这样的外物，还包括其他许多。比如天天加班的朋友，哪天不加班，可能就是她的奢侈品。天天外面应酬的人士，哪天能够在家里陪妻子和孩子吃饭，或许就是他的奢侈品。

为什么说自己才是自己的奢侈品，人生在世短短几十年，有相遇，也会有分离，在一起的两个人，到年老时，也会有生离死别。到最后，都是自己和自己灵魂相伴。

之前有个姑娘，在公号后台给我留言，后加了我的微信。她在三线城市生活，每月收入三四千元，几乎所有收入，都拿来补贴家用，先生的衣服都去专卖店买，自己的衣服就是几十元的价格，对小孩也是尽力给到最好的。在家里，婆婆对她也没有足够的尊重。后来这个姑娘，过得一直很压抑。而我虽然心疼，也只能是安慰安慰她，因为太多事情，真的只能靠自己。

以前我写过一篇关于先吃大的葡萄还是小的葡萄的故事，从给我留言的评论里，有好些人喜欢把最大的留到最后。就像我们给父母们买衣服，父母可能今年舍不得穿，明年也舍不得穿一定要留着，过几年再穿。

对于以上种种，我的观点是要舍得对自己好。只有自己愉悦了，其他事情做好的概率才会更大。舍得对自己好，并不是指狂刷信用卡，买各种超出自己能力的物品，而是不要委屈自己，学会享受当下，活在当下。

见过一位年长的女性老师，偶尔跟我聊起打玻尿酸的话题，她不太理解为什么现在的小姑娘喜欢整容、打玻尿酸针。我看她朋友圈的动态，真的是宛如少女。我跟她见过几面，看着她穿上白色奥黛的时候，真的是仙气飘飘。她的秘诀是，文化养颜，慈悲为怀，从来不去做美容、整形。对于女人来说，脸上的模样，真的是心底的样子。过得好不好，开不开心，一张脸就足以表达。

每个姑娘，都可以配得上更精致的生活。把自己当成奢侈品去经营，说不定哪天就真的成了奢侈品。

具体怎么做呢，我下面分享一些观点。

（1）每天要有有一个干干净净的妆容去迎接新的一天，一些简单的化妆技巧是每个女孩子都该会的。如果不会，可以看看网上的视频，其实日常的妆容打理并没有那么难。

（2）头天晚上找出第二天要穿的衣服和需要的配饰。如果需要更换拎包，原包的物品请随手取出装到新包里，根据包的大小对物品做删减，比如大包换小包，只需装一些必备的物品即可。再如，因为每天穿不同的服饰，搭配的口红色号也不一样，我建议准备三只日常口红放到补妆的化妆包。

（3）每周或者每个月给自己一些独处的时间，方便给自己充能、减压。或者约朋友喝茶、喝咖啡。这里的朋友，推荐是工作之外的朋友，不是为了交际应酬那种，是可以轻松聊天的朋友。

（4）定期给自己设定一些小目标，学会犒劳自己。比如减肥瘦了多少斤，可以买点小礼物给自己；比如考了某个证书，可以送一次旅行给自己。

（5）精致的生活，需要取舍。定期给衣橱做整理，学会断舍离，居住环境不要杂乱，不要充斥着太多无用的东西。工作上，不是所有事情都需要去做，太多独立的姑娘，把自己逼得太狠，适当放松一点，不是所有钱都要去赚。生活上，也要把自己照顾好。

有一次和一位养生老师聊天，她说从小她家里就非常注意饮食，身体是自己的，和外物相比，身体健康才是最重要的。

看她朋友圈动态，都是做饭、做菜、艾灸，研究各种花草茶等，这样真切的日子，才是生活本该有的模样。所以，我们在慢慢成长的过程中，不要逼自己太狠，用力过猛，不一定是好事情。

自己才是自己的奢侈品，无论工作还是生活上，都要好好爱护和经营。

1.3

恋香——打造你的专属味道

每一瓶香水都在等懂它的那个人

"相信缘分，喜爱的人或物，冥冥中都注定和我们有缘，香水也是一样，它也在等那个懂它的人。"

选择香水，不是一定要选择小众，一定要选择特立独行才好，只是希望我们身上的香水味有辨识度，希望每个姑娘能找到适合自己的香水。

去年在巴黎待的那段时间，每天除了写稿，偶尔也出去走走。特意去了花宫娜香水博物馆，除了参观之外，自己试着调了一款香水。有参与感的香水，总是有不一样的情怀。

我除了在格拉斯选择了几款清淡的 EDT 香水外，玫瑰味道的也买了好几瓶。

不管是香水，还是身上的其他物品，都是展现每个人的一种方式。

时下大部分香水价位都不便宜，为什么贵？很大程度是和制作工艺有关，因为在 20 世纪 30 年代，格拉斯香水都是手工采摘花朵，就类似我们国内茶叶那样，人工采摘，再炒制。香水是精油加上酒精，味道分前调、中调、后调。当时在馆内调香的时候，老师让我闻三种不同的香水，前调、中调和后调的味道各不相同，大部分香水的前调酒精味道会浓一点，中调是香水的灵魂所在。花宫娜香水博物馆每年都会选择一种花作为主要调香原料，2019 年选的是薰衣草。在国外，调香师的要求非常高，和天赋有很大关系，且不能吃辣，不能喝咖啡，不能喝酒等，非常严格苛刻。很多调香师都是世袭制，他们每天工作 3 小时，工作 20 年。

　　那我们应该如何选择适合自己的香水呢？是不是非要选择大牌呢？不见得。

　　平时大家在商场购买的香水，按照浓度等级主要分为 4 种：香精（parfum）：浓度约 15%~25%；浓香水（eaude parfum）：简称 edp，浓度约 15%~20%；淡香水（eaude toilette）：简称 edt，浓度约 5%~10%；古龙水（eaude cologne）：浓度约 3%~5%。

　　我会根据不同的场合来选择不同的香水，约会、聚会时，我会选择 Belle de nuit，意思是夜美人，东方花香调，非常女性化，可以展示女性的柔美。据说法国很多女性都喜欢这样的味道，说这款味道挺多男性也喜欢。

　　职场中，我会选择 Frivole，翻译过来叫轻佻，尾调中会有广藿香和鸢尾草的味道，显得比较稳重。

　　中性风的时候，或者穿西装时，想要那种一米八的气场，我会选择男香，Etoile，意思是星辰，味道更随性洒脱一些。

　　所以推荐大家要看场合，看年纪，看需要的状态去选。

之前去过欧洲塞尔维亚的首都，贝尔格莱德。有一位调香师，开了一个手工香水工作室。当时，我去了四次才开门，后来才知道这家店周末是不开门的，刚好又赶上了店主人休假，估计也是缘分未到吧。

店主人是位老爷爷，据说这位老爷爷是贝尔格莱德最后一位调香师，他的店铺开了一个世纪。别看他年龄大，但工作一点不显老态，对待每位客户都亲自服务。进去的每位客户他都会亲自问想要的感觉，是自然还是清新，或者别的。轮到我的时候，我跟他说了自己从事的职业，想要选一种有特点，不一样的香水，老爷爷给我选了4种，并分别在我手上、胳膊上试香。

喜爱的事物，都是一种缘分。当试到第三种香水的时候，我就知道是它了。味道不是普通的花香调，前调的味道让人一开始就会很惊喜，几十分钟后，中调慢慢出来，轻盈的木质调，就像一个人静静地坐在那里，看过一眼后，不会轻易忘记。

　　每个人身上穿的、用的，都是个性的真实体现，回想这几年走过的路，这款香水，或许能诠释近阶段的心境吧。

　　选完自己的香水外，给小花选了一种中性时尚风格的香水，另外选了几瓶花香调的香水送人。在公号后台经常会收到读者的留言，送人应该送什么味道的香水。根据我的经验，只要不是特别甜腻的味道，花香调基本不会出错。

相信缘分，喜爱的人或物，冥冥中都注定和我们有缘，香水也是一样，它也在等那个懂它的人。

老爷爷还有一个很古老的给香水打印编码的机器，编码就是香水的名字，下次拿着瓶子去找他，他就知道是哪款香水了。

仔细想想，做人也是一样，永远是内在比外在重要，哪个行业都是一样，有没有实力，骗不了人。

暗香浮动，在格拉斯感受法国的香氛

弈翎说

"为人也是一样，有底蕴，有实力，推一把是助力，如果本身不行，哪怕被放到某个位置，德不配位，长久下来，也不一定行。"

谈到香水，让我们首先想到的一定是法国。很早前看过一部电影《香水》，是由德国一部小说改编的，这部电影有一个重要的拍摄地就是格拉斯。趁着这次法国休假之行，特意去了香水小镇格拉斯。

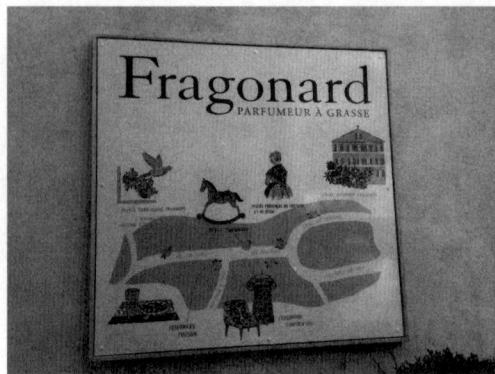

从尼斯坐 40 分钟火车到格拉斯火车站，出站后半天打不到

出租车，我通过手机查看了地图，距离所订的酒店大概有 2 千米。正在我犹豫要不要步行到酒店的时候，旁边的一个姑娘跟我聊了几句，并好心地用电话帮我叫了一辆出租车。

格拉斯是高山中的一座小城，至今也是法国香水的重要产地和原料供应地。小城不大，差不多半小时便可以把市中心逛完。在芳香广场，路人甚少，偶尔有几位在晒太阳，看着他们不急不躁的生活，时间比在巴黎慢了许多。

惬意过后，没有忘记来的目的，参观了最大的香水博物馆。进馆之前，我先从墙面上大致了解了一下香水的制作流程和材料。进馆后，博物馆的工作人员给了我一份中文的介绍资料。

馆内有专业讲解器，在这样的地方，我更愿意用嗅觉去感受不同的香气，用眼睛去看整个香水的制作工艺和流程，以及不同时期的香水瓶。在二楼的小花园，看到几种香料的作物。通常会先从鲜花中用油脂吸附芳香，然后刮下油脂，用油脂分离法进行蒸馏和分离。

在分析香味成分的房间里，摆放着芳香测试布。中世纪香水

师用洁净的白色绢丝吸附香气，然后分析，直到现代才改用香水测试纸，但传统的香水店还保留部分绢丝测试的方法。

香水提味的过程很复杂，从装瓶到提炼，从过滤到萃取，一瓶香水渐渐还原出最初的味道才是最真、最美的享受。

馆内我看到有香水售卖，随手试了两种香水，都是平时没见过的品牌，售价都不贵，20 欧元左右。这里提醒大家，在试香时，一定要看中调和后调，还有留香时间。

在格拉斯，除了感受香水本身的文化外，还可以看到广场边

上的大型化妆品店铺。沿路走过，路边有一家做香薰的店铺，里面不售卖香水，售卖的都是香薰产品，产品名称是 Maison Berger，有一百多年的历史。走进店铺，空气里弥漫着不太浓郁的香味，我选了几款家居香氛，挨个去闻，均属于清新淡雅类型，但种类区分非常明显，有柑橘调、有海洋气息、有玫瑰味道等。随处可见的香薰蜡烛，也感受到法国人生活情调的另一种美好。

第二天，沿着博物馆继续往前走，走到了一条小巷里，有很多家商铺，其中好几家都是售卖香水，种类不多。看这些香水品牌的介绍资料，历史悠久，有着深厚的文化底蕴。不同品牌玫瑰味道的香水，拿着试香纸一路感受下来，差别不大。可能闻得太多了，嗅觉不够灵敏，原产地一样，我想原料也差不了多少，就选了一种名为 1802 年的品牌香水。除了香水外，其他衍生品也不少，有空气香氛、香皂、精油、香薰包、护肤品等。感受着不同的香水味，包装简朴，没有做任何推广。想到现在有些劣质的香水，或者通过运作火了一把，但不会长久。为人也是一样，有底蕴，有实力，推一把是助力，如果本身不行，哪怕被放到某个位置，德不配位，长久下来，也不一定行。就像那些大家不知道的香水品牌，他们的原材料，工艺同样优良，只是社会给他们等待发光的时间长一点，但正是因为有实力，发光之后的价值才会持续得更久。

在不大的小城走一走，空气中弥漫着香水的芬芳，仿佛时间都停下来了。

回到酒店，正好黄昏，从窗口望出去，这座小城里矮矮的房屋，远处天地相接的地方，有着一抹紫红色衔接，大概是日落吧。

拒绝街香，独特的小众香水让你拥有别样魅力

"有些味道是两个人才有的记忆，只需要点点就好，要的就是不着一字，尽得风流的气场。"

每次在课程现场聊到香水这个话题的时候，我都会问学员，所用的香水是什么牌子的，多数学员会说用香奈儿、迪奥等。其实这些品牌香水都相对比较经典，不是说经典的就不好，而是我们用香主要是用来突出自己的特点。所以我会建议大家在有些时候，适当地去选择一些小众香水，让别人可以更好地记住我们。

那什么是小众香水，我的理解是用的人不太多，不容易撞香，在国内的商场专柜可能不太多见。

比如我在日本心斋桥附近的一个小巷子里，买过当地调香师品牌的香水。当时因为交流的问题，没有办法很好地去理解的这瓶香水背后的故事。还有在佛罗伦萨火车站有一个香水店，里面的香水是他们独立调香师的品牌。

我听说过一个故事：有一个女孩子用了一款中性调的香水，遇到了一个男孩子，这个男孩子身上的香水味道竟然与这个女孩子身上的香水味道一样，后来他们竟然成了男女朋友。这就是源自香水的缘分。

大家在买小众品牌的香水时，建议不要盲选，也不要只看包装。

小众香水里面，首先给大家分享一款 Santa Maria Novella，简称 SMN。SMN 是世界上最古老的制药厂之一（主店位于佛罗

伦萨 **Duomo** 旁边)。记得在佛罗伦萨看古驰展览的时候，我特意一大早去了这里的主店，买了好多护肤品。

所谓物以稀为贵，因其对产品品质的高度要求，从种植、选材、制作、包装整个过程由佛罗伦萨总部严格管控，至今为止，全球连锁店并不多。这个品牌的香水里，其实真正比较有名的是凯瑟琳皇后，它的瓶子比较简单朴素、古色古香。

第二个给大家分享的是芦丹氏。他们家的香水带木香调居多，所以香型会比较沉稳一点，芦丹氏的瓶子非常漂亮。芦丹氏当中

比较著名的有一款柏林少女，有朋友也买过他们家的土耳其软糖，闻起来有一些杏仁味儿，但是后调会有一些香草的余韵，大家可以去感受一下。

芦丹氏暂时没有像祖马龙一样街知巷闻，需要注意的是偏果味的香水，对于成熟的职场女性，不一定是你职场的加分项。

第三个是潘海利根。这款香水是英国百年的香水品牌。记得与几位好友聊起香水时，潘海利根的每一款香她们都会买，当然我不像她们那么爱收集香水。

这里我着重推荐一款叫致命温柔。这款香水据说是戴妃最爱。刚喷的时候，味道稍微有一些浓，但也是蛮温柔的香调。不过香水一般是闻中调和后调，最后会有一点檀木气息的感觉。

所以从中后调开始，整体的感觉低调、大气，又可以包容一切，像一个有故事的人就这么静静地坐在那里。

最后一个是帕尔玛之水，是在意大利的一座文化名城帕尔玛的一个小香水工厂当中诞生的。我用的是高贵鸢尾，这款香水留香时间中等，不算特别长，中后调比前调好闻，有轻熟女的柔媚，也有年轻姑娘的干净清新，没有脂粉味，算是不太容易撞款的香水。但需要注意的是，如果你需要气场更强大的状态，这款并不是最好的选择。

香水是本身很主观的东西，它就是凭你的直觉来选择，它没有那么多的条条框框，味道自己觉得适合就可以了。我曾经写过这么一句话，有些味道是两个人才有的记忆，只需要一点就好，要的就是"不着一字，尽得风流"的气场。

不仅要会买香水，更要会用香水

"除了了解怎么选择适合自己的香水，也需要知道怎么穿好香水这件衣服。"

说到用香，我看到过一些用得不太恰当的情况。一次，我去医院上礼仪课，发现有一些患者或者来探病的家属身上的香水味道比较浓，其实场合不同，我们用香也是有要求的。

用香有专门的礼仪，举个简单的例子，假如一位女士在乘坐出租车前喷了很浓的香水，因为浓香的味道不能马上散开，如果出租车司机不开窗户的话，那么下一位乘客上车后也会闻到香水味。

用香最基本的是七点法，每个点女士喷两次就差不多了。有的香水如果味道比较浓郁，那么喷一次就够了。男士根据香水浓度，建议喷一次。

用香七点法的步骤：首先把香水喷在手上，然后擦在脖子后面，接着是耳后、左胸前、腰两侧、手腕、大腿内侧、脚踝。七点法不是指喷七次，而是喷一两次在手上，然后再擦到这七个地方。

还有一种方法是点沾式，用手去蘸取香水，再擦到身体的部位。用最温柔的无名指来擦香，力道轻一点。

如果着急出门怎么办，这时可以将香水往高空中喷，人快速从刚在喷的位置下走过去，然后转一圈，香水粒子就会落到人的身上。

如果要去参加晚宴，香水擦的部位可以稍微低一点，可以擦在膝盖、脚踝等地方。

用香时，需要注意几点：

（1）不要涂在阳光容易照射到的地方，因为香水中含有酒精，在阳光暴晒下皮肤会容易留下小斑点，可以涂抹在体表温度比较高的部位，比如锁骨、手背等。

（2）如果想把香水喷在头发上，最好是在头发很干净的前提下，喷的位置稍微远一点。还可以用刚才的点沾法，用手指的余香，轻轻拢头发，这样头发上的味道既自然又轻盈。但是有一点需要注意：如果你头天吃了一顿火锅，想用香水来遮盖身上的味道的话，是非常不可取的，只会让味道越来越怪，建议试试风倍清去除异味喷雾。

（3）香水中有些香料是有机成分，如果需要佩戴首饰的话，建议先喷香水，再佩戴首饰。

（4）市面上大部分香水喷到衣服上都会有一些痕迹，建议喷时要小心。

那我们怎样穿好香水这件衣服去上班呢？有的时候，合适的味道会让我们的气场变得更强大，同职场不同岗位的诉求是不一样的。

一线的员工：尤其是从事服务行业的朋友，需要展示自己的亲和力。当需要单独面对客户时，建议不要喷香水，因为你不清楚对方是否对香水过敏。

营销岗位的领导：在单位一般需要气场为主，亲和力为辅的感觉，可以尝试少量花香调的香水，能体现出女性的柔美。如果正式谈判时，可以选择木质香调的香水，能增加谈判的权威感。

有些粉丝在后台问我，最受男性欢迎的用香部位有哪些，这里也简单介绍一下，比较适合约会场合。第一，喷在颈部，因为男性会觉得颈部足以展现女性的线条优美；第二，耳后；第三，胸前；第四，手腕。

关于用香，还有一种产品是香膏，不过大部分香膏留香时间不太长，可以随身携带用来补香。现在的主流香水品牌做香膏的不太多，可能有些小众品牌会有。雅诗兰黛说过，没有任何一款香水适合所有女人，也没有任何一种香水能诠释女人每一刻的心境。所以大家可以尝试不同的香水，来体会不同的感受，根据各人的需要来选择。

第二章

品位进阶

优雅：女性品位进阶之道

2.1
品位源于你阅历的提升

米兰印象

弈翎说

"异国他乡，不要戴太贵重的饰品，还有不要乱搭讪，也不需要背着很贵的名牌包和戴大 LOGO 的配饰，一个人出门，更多要考虑舒适安全。"

　　趁着到国外进修的机会，我去了很多地方充电。第一站米兰，记得当时手机信号时好时坏，先前与当地接我的翻译姑娘有沟通，她说在机场 B 出口等我，可我却从 A 出口出来，当时瞬间有点慌了，于是拿着手机玩命找信号儿，费了好大劲，才终于联系上。

　　到我租住的酒店，需要搭乘一趟公交车，还需要倒一次地铁。这一路，姑娘跟我说的话里，重复次数最多的就一句："晚上一个人不要到处走。"那段时间她的手机刚被抢走，我当时听得毛骨悚然。

　　米兰地铁站里的电梯很少，接我的姑娘帮我拿着一个包，我自己拖着行李箱，慢慢挪步下楼梯。来来往往的行人，有男有女，我也不好让其他人帮我。

姑娘送我到租住的房子，把我安顿好。下午四五点时，带着我去了一趟超市，回来时天色已晚。（特意选了距离地铁口很近的居民区，因为姑娘说，住在这个地方周边有很多地方可以徒步欣赏。）

后来的几天，我自己开始慢慢熟悉这座城市。街上来来往往的行人，表情都很平和，不像国内一线城市，大家都是急急忙忙在赶路，焦虑都会表现在脸上。

米兰市中心既有高大的欧式建筑，也有一些墙面上被艺术涂鸦的小房子。

米兰大教堂旁边的咖啡馆里，三三两两的人在谈事情，也有情侣约会。我点了一杯美式咖啡和羊角包，惬意地享受着轻松自由的时光。市中心的商铺里，我逛了化妆品和奢侈品店，服务员的服务意识大多还是不错的。

关于化妆品的购买，我建议可以从日上免税店购买，不过因为购买人群比较多，经常会出现热卖的产品断货。

关于奢侈品的购买，加上退税和折扣，欧洲还是有很大优势。每去一个地方，我都会去看看当地品牌。无意间走进一家当地品牌店铺，是被门口模特身上的西装套装吸引进去的。衣服款式虽一般，但刺绣做工极好，颜色采用米色加金色，裤子用同样面料制作，微喇型裤腿，增添了不少时尚感。一套衣服打折下来100多欧元，折合人民币一千元左右，可惜尺码不全，无法将其收入囊中。关于欧洲品牌的尺码，大家购买大衣的时候要注意：

法国 34 码和意大利 36 码是一样的尺码，都相当于国内的 XS 码。对于一些廓形大衣，差一个尺码问题不大，大衣穿大不穿小。

关于牛仔裤，我推荐迪赛这个品牌，米兰价格比国内美丽多了，国内需要花费 2000~3000 元。我买了两条，分别是 98 欧元和 150 欧元，不过买东西，建议消费 300 欧元以上，这样可以退税。后来在米兰附近的打折村，还淘到了一条 40 欧元的阔腿牛仔裤。

以前的旅行，都是从机场直接去酒店，然后随意在当地行走，也不怎么做攻略。去上课，也是有专人在机场接送，习惯了被安排的生活。

突然到了陌生的地方，感觉这种体验也蛮好。学着做一点简单的食物，自己要辨别方向，作息也规律了很多，想想过去有时候凌晨还在赶飞机。

我特别佩服那些年纪轻轻就在国外生活的人，除了上课外，更多的是要在一个新的地方学着自己生活，有了这样的能力，对以后做好些事情都有帮助。如果你也有机会的话，建议还是体验一下这样的生活，不要低估自己的适应能力。

异国他乡，不要戴太贵重的饰品，我到米兰的第一天就把身上的配饰全部放在了住的地方。还有不要乱搭讪，容易被小偷盯上，也不要背着很贵的名牌包和戴大 LOGO 的配饰，一个人出门，考虑更多的应该是舒适安全。如果不认识路需要询问的话，可以选择一些年轻女性或者学生，基本上都可以用英语交流，也很热情。

国际航班十多个小时的飞行时间，不要化妆，素颜就行，卸妆太麻烦。下飞机要考虑妆容的话，可以带一款 BB 霜。有些 BB 霜的持久度不高，如果想日常用，建议选择一款持久度高的 BB 霜。

到一个国家，要像当地人一样生活，比"买买买"更重要的是，用心去感受。陶冶情操，提升审美，享受高雅艺术也是不错的选择，比如听听歌剧，看看话剧等。这部分内容我们将在后面的内容提及。

威尼斯——叹息桥上，相守一生

弈翎说

"行走的意义，是慢下来，真正去感受生活。"

趁着周末不上课，我坐火车去了第二站——威尼斯，翻译姑娘给我提前订好了民宿。在火车上，我怕坐过站，于是一直跟列车员交流。

一出站，看到一个水上的城市，第一感觉是没有电视里和书上那么美，但很真实不过随处可见的海鸟和鸽子，一点都不怕人，动物和人相处得很和谐。

　　跟着手机导航走到住处附近，可一直找不到 573 号在哪里，于是给房东打电话。来接我的是一位漂亮姑娘，这才知道原来是房东的妹妹。

　　走进房间，家具都是实木材质，泛着浓浓的欧式感。茶几上准备了各种甜点和饼干，还配有胶囊咖啡机，感觉真是太周到了。

61

那么爱喝咖啡的我，立马给自己做了一杯咖啡。一切安顿好之后，就出去漫无目的地行走了。

　　大约中午 12:30，我从民宿出来，路上的行人不太多，沿着河边走，看到很多桥，突然感觉好像回到了江南依山傍水的地方。（江南，真的是一个来了不愿离开的地方。想起卞之琳的《断章》"你站在桥上看风景，看风景的人在楼上看你"。）

没有刻意去了解威尼斯有多少座桥，沿着河边，一直走着，看到一对游客夫妇，拿着长长的自拍杆在自拍，对于中老年人的感情来说，一起去旅行，还可以一起自拍，在镜头下展现最真实的幸福，就是很美好的事情。

　　一路上，也看到一些手拉手的年轻情侣。我在想，和感情热恋期的年轻人们相比，沉稳持久的感情，是多少年后，我还待你如初，还可以一起做开始做过的事情，依旧把你捧在手心。

关于景点，如果城市不大，我建议不要刻意去寻找景点，走到哪里算是哪里，随遇而安多好。

走到主路的巷子里，寻了一家餐厅吃饭。餐厅内正好有中文服务员，听他说普通话，我以为是我国台湾地区的人，后来他说

是福建人。他跟我讲，店里菜品以海鲜为主，在他的推荐下，我点了一道前菜，一份墨鱼面和一杯当地特色的开胃酒。本想再来点甜品和咖啡，被他拦住了，说让我吃完再点。

　　用餐的时候，我的位子靠窗边，窗外走过一位拿着相机的老爷爷，随手给我拍了几张照片。虽然不认识，看他在窗外热情的模样，我也微笑着配合。我想，可能那几天的威尼斯亚洲面孔不多，他觉得好奇吧。

　　整个下午，我都穿梭在威尼斯的小巷子里，无意走到一个购物中心。商场设计风格非常漂亮，好些品牌都聚集在一起，折扣力度还不错。

　　如果旅行要去好些地方，对于购物，建议大家旅行完最后再买。当然如果遇到一些特色的小店铺，那可以随手买点小东西。

　　第二天，我去了距离火车站很近的宪法桥，该桥是连接火车站和罗马广场的一座桥，整座桥是红色的，非常耀眼。

　　还有一座非常著名的叹息桥，其实就是一座封闭的桥梁。有个传说，一名死囚看见从前的恋人在桥另一端与新欢亲热，不由自主，暗自叹息。从此，这里成了恋人们见证爱情的地方，据说，在桥上接吻，就可以相守一生。所以要是情侣出行，建议可以去看看。

另外，还去了威尼斯的美术学院。它在世界上声誉颇高，威尼斯画派馆藏闻名于世。好些朋友跟我说看不懂，艺术是相通的，看不懂不要紧，可以慢慢用心去感受。

还去了一家比较热门的咖啡馆——花神咖啡馆，在圣马可广场上，有近 300 年的历史，托尔斯泰和马克·吐温也光顾过，光顾的客人太多，仅适合打卡自拍。

五点左右天要黑了，我跟着导航往回走，走了半小时才到住的地方。

行走的意义，是慢下来，真正去感受生活。过久了各种日夜兼程的日子，让心安静下来，耐得住寂寞，才守得了繁华。走走停停，看属于自己的风景，顺带治愈那些委屈和不开心，沿途所有发生的事情都是最好的安排。

用脚步去丈量罗马

"和人到中年，某些貌合神离的夫妻相比，唯能可贵的是，他们一起出来旅行，还甜蜜如初，这就是嫁给爱情的模样吧。"

最初对罗马的印象是历史课本里教的那样，古朴有存在感。我旅行的第三站是罗马，到了罗马一定要去看看当地的建筑。共和国广场距离车站也不太远，几百米就到了。天很蓝，结合欧式建筑，随便怎么拍照都是一幅画。

好多姑娘受电影《罗马假日》的影响，一定要去看看拍摄的地方。我没有去寻找，只是随意走着。

我寻了一家意大利餐厅，点了些当地菜，另外特意点了一杯DRC的白葡萄酒。意大利人做事情普遍不快，上菜也比较慢，这期间我待得无聊正好自拍。看着餐厅玻璃外的行人，整体观察下来，欧洲人用奢侈品的真心不太多，都是随意的包，把包用成了历经世事的一种美。

吃过午餐，路过图拉真广场，这个广场是罗马市中心的古迹，广场边上是著名的图拉真柱。（去旅行时建议可以先了解点历史知识再去欣赏。）

　　无意间走到了西班牙广场的名品街。和佛罗伦萨的名品店相比，逛店的人都很少，也不需要排队进入。

　　我特意去了路易威登的店铺，所有楼层里服务的店员比顾客还要多。

　　店里摆了 LV 的各种旅行箱、书签、笔记本、香水、拎包等。欧洲的奢侈品一般上货都很快，新款会多一些。在 LV 店铺，你能感受到去这里不仅是买包，更是感受整个路易威登专属的生活。

　　这些商品所传递的信息，是一种生活方式，这样的文化已经超越了产品本身。

　　店铺内的销售人员，不仅有年轻小姑娘，还有年长的大叔和大妈。之前在国内看到某些品牌招聘销售员时，明确规定年龄需在28岁以内，35岁以内等，可能各家公司考虑的不一样。在这里，我会认为年长一点的销售人员会更有经验，推荐的款式会更加合适。

　　用脚步去丈量罗马，除了真切地去欣赏一个城市的风景，还可以看到当地人及游客的各种状态。

新加坡：不要把旅行的时间都花在购物上

"去一个国家，我们要了解的是这个国家的一些历史，一些人文，还有当地的风情，当然买东西也是其中之一，所以不要把所有旅行的时间都花在逛街购物上。"

对新加坡最初的印象是小时候经常听爸爸说新加坡是一个"花园城市"。

第四站，我去了新加坡，选的是新加坡航空公司的航班，新航的服务在众多航空公司里面是有口皆碑的。在飞机上，我经常和乘务员聊起现在她们服务培训是怎么做的，权当在做市场调研。

好多朋友出去旅行，喜欢带很多东西，因为要拍美美的照片，凹造型的物件会带许多。我出去旅行，一般带的东西很少，就是常穿的衣物、常用的化妆品。这次去新加坡，随身包里带的东西就是一个小化妆包、平板、钱包和护照，还有一个是耳机。因为这些都会时常用到，特别是在国外，护照就如同我们的身份证一样。

这里说一下关于酒店的预订。在新加坡，因为要逛街，所以我选的是乌节路上的酒店，翻译过来叫良木园酒店，在距离它很近的君悦酒店也住了两天。相比较而言，我更喜欢良木园酒店，君悦的环境是非常好，但住酒店的人太多。

我在良木园酒店遇到的前台，是一个中国的留学生，他给了我许多的建议。

大家最关注的可能还是各种买买买，其实除了购物之外，欣赏艺术也是我们需要培养和投资的。这里先说购买商品，第一个好地方就是上海浦东机场日上免税店，化妆品价格非常便宜；第二个好地方是新加坡乌节路，乌节路上各大奢侈品都齐全，价格加上退税，比国内便宜 15%~20%。

第三个购物的地方是金沙，金沙的购物环境非常好，购物的人不多，店员的服务也非常好。金沙除了售卖一些高端的奢侈品

外，也会售卖一些中端品牌产品。

　　第四个购物的地方新加坡的樟宜机场，品牌不算少，不过在
价格上没有什么很大的优势，免税店的款式基本上都是经典款，
或者近一两年比较时兴的款式。

  关于艺术投资方面，可以去看一些博物馆、艺术馆，从中可以了解当地的人文风情，提升自己的高级感和审美能力。美术馆的门票是 20 新币，折合人民币差不多 100 元钱。如果是学生的话，可以享受一定的折扣。

　　我在美术馆里和不同展区的工作人员聊了聊，非常受益。在看一些服饰的时候，了解到当地服饰的面料及文化；在看新加坡变迁的展馆时，了解新加坡国家的文化，比如以前的柜子、沙发是怎样的。

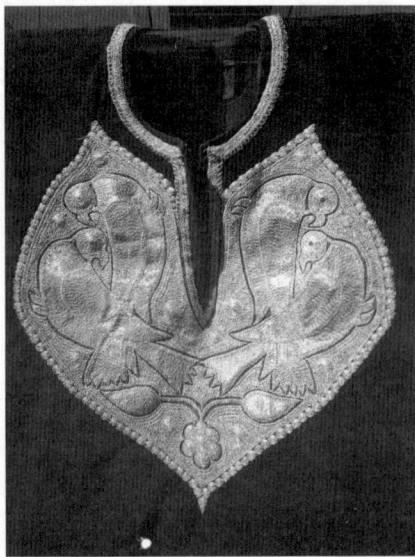

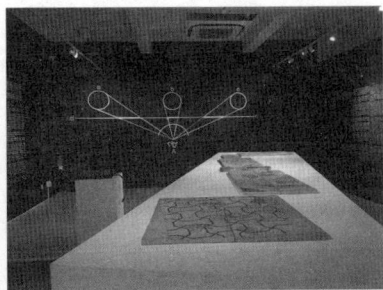

　　阿拉伯艺术街在全世界也比较有名，经营店铺的人都是阿拉伯商人，卖的东西都是有当地特色的，而且他们有一点非常好，欢迎游客去拍照，欢迎去观看。

　　阿拉伯艺术街里，有些商铺会卖布料，商家会把挂在模特身上的布料搭配好，有点像杭州的丝绸市场。

牛车水，也是新加坡的一个著名景点，主要售卖一些中国的产品，比如我们过年的年货，还有一些小商品，有点像义乌小商品市场的"海外分部"。

去一个国家，我们要了解的是这个国家的一些历史，一些人文，还有当地的风情，阅历多了，体会多了，自然你的眼界也会更宽阔。

清迈：我在湄公河边等你

"我在湄公河边等你，这里是十年前的清迈，这里没有职场纷争，没有尔虞我诈，没有机关算尽，有的，只是心底的安静。"

　　去哪里旅行不重要，攻略不重要，重要的是心要安静下来，忙了那么久，要寻个时间放空和滋养心灵。

　　现在好些东南亚国家，都设有中文服务地点，所以大家不要慌，英语不好也可以全世界飞。

    这次旅行，我带了一些舒适方便的衣服和平底鞋，不过要考虑拍照的话，最好根据当地天气，准备好一些有风格的衣服和配饰。

    住宿，尽量不要为了省钱而忽略了安全。出去玩，就要玩得开心，我也看过有些旅行社的自由行产品，基本上是三星酒店，最后我还是选择自己订酒店。我在湄公河边上的度假村订了一个房间，度假时的负责人是我国浙江人，服务非常好，也非常热情，还带宾客们去水灯节。

这里另外推荐一家 Azerai 的度假酒店，位置不错，据说是安曼的品质。还有一家琅勃拉邦大酒店，位置距离湄公河可能有些远，不过住过该酒店的名人不少。

因为度假村的服务人员大多为中国人，所以需要什么服务直接提就好，很方便。到度假村的第一天，晚上安顿好后，就去逛了夜市，买了一些当地的特色商品。

离夜市不远，有一条法国街，也值得一去。在法国街的小巷子，我寻了一家非常漂亮的花园餐厅吃饭，牛排做得较一般。有的当地特色美食，我怕不干净，不敢吃。晚上和酒店经理喝酒撸串儿，这里的啤酒，貌似比国内更容易醉。

深藏于湄公河岸的深山里的琅勃拉邦古城，可以看日出，然后看布施，都是真正的僧人。听酒店负责人说，这里的小孩子很多都被送去做僧人，还俗后就可以娶妻生子，假如不还俗，那就一辈子是僧人，也不知是真是假。

　　香通寺是琅勃拉邦最宏大的寺庙。去寺庙要注意，最好穿长裤，或者长一点的裙子。

　　也可以安排一天去光西瀑布和骑大象，距离市区三十公里左右吧。

　　湄公河流经好几个国家，水质自然不能和西湖比。我个人比较喜欢去湄公河边咖啡馆坐坐，或者 Azerai 喝个下午茶来休息下。白天可能人少一些，晚上都挺热闹。

我在湄公河边的法国餐厅喝咖啡时，大部分看到的都是欧洲人，少许韩国人。下午突然起风，下了阵雨，雨中的湄公河，也别有一番风情。

　　旅行的那几天，正好是水灯节。节日当天，看到好多人放水

灯，只要是濒临河港或湖边的地方，水面上都会飘满水灯，闪亮着一片烛光、一片花香和轻快抑扬的"放水灯"歌。

我问过当地的翻译，放水灯的寓意是许愿祈福，把祝福都放在灯里。通过龙舟，让神灵知道。龙舟上的姑娘们都好美，而且路人拍照都非常配合，我技术太差，又是晚上，拍不出她们半点神韵。

　　每次旅行，我都会寄一张明信片，收不收得到，没关系，写过便好。

Laos

　　这里民风淳朴，就像我喜欢的云南西双版纳一样，每个人脸上透着真诚朴实。当然，要是一个人出行在国外，容易起争执的地方建议少去，比如酒吧。女孩子的衣服还是保守一些好。

　　度假的地方，一般都有温泉。如果没有温泉，也会有游泳池，建议你们把性感漂亮的泳衣都带上，说不定拍照能用得上。

　　来湄公河边，如果单纯想看看景点，两天时间差不多够了。如果想安静下来，可以待得久一点。据说，在这里生活的人，幸福指数在全世界排名第三。活在当下，可能就是他们的生活态度吧。

　　行走有很多种方式，可以走马观花，可以驻足停留。不要用旅者的视角去感知，静下来，真正融入当地居民的状态，才会在心中形成另一种认知。

内外兼修——从"外在"到"内在"

这才是听音乐会的打开方式

弈翎说

"艺术都是相通，无论建筑，美学，还是音乐，歌剧，等等，用心感受，收获属于自己的独一无二。"

随着大家物质生活的富足，慢慢会更加关注精神生活，闲暇不出差的日子，我会去杭州大剧院听听音乐会或者看演出。

在生活品质的鉴赏上面，我相信耳濡目染和慢慢沉淀。我的好多朋友不是音乐科班出身，但兴趣就是最好的老师，他们会选择多去尝试、多去感受。

音乐会，顾名思义，是指在观众面前的音乐表演。关于听音乐会的礼仪，有很多人是不知道的。比如，有迟到的；有拿手机录制视频的；有穿着随意的；也有听到熟悉的曲子大声叫嚷的。吃东西的情况倒是比较少。

听音乐会之前，我们首先要对乐团以及本次音乐会的曲目做一些了解，如果没有时间，核心曲目还是要做一些了解的。

关于着装礼仪，一般来说，男性穿西服，女性穿礼服。普通音乐会相对比较轻松，女性可以选择小礼服，也可以是小黑裙。如果参加大型音乐会，建议女性穿低胸晚礼服出席。

有的时候一说到隆重，可能有的人就容易隆重过头。比如有的女性会戴特别夸张的礼帽，这样就有可能会影响后面人的观看效果。

关于行为，要尽量提前入场，比如开演前 15 分钟左右到场。不论哪种场合，迟到都是很不礼貌的行为。另外也有愈来愈多的音乐厅严格限制迟到的入场者，演出一开始便将入场的大门关上，迟到的人只能等到中场休息才可以进入。此外，还需注意不要吃东西，不录视频，不大声喧哗等。

上课时，有学员问我：带孩子去听音乐会，自己不知道什么时候鼓掌。

如果实在不清楚什么时候该鼓掌的朋友，就稍微慢一点，跟着大家的节奏。欣赏一些艺术的时候，谁不是从小白阶段开始的呢，不懂没关系，我们可以慢慢去懂它。最保险的做法，就是指挥把指挥棒放下，两手都处于放松状态的时候，代表乐曲结束，就可以鼓掌。

艺术都是相通，无论建筑、美学还是音乐、歌剧等，用心感受，收获属于自己的独一无二。

歌剧，一门优雅地舞台表演艺术

弈翎说

"工作和生活中，一直提倡大家多出去走走，看看，太多的知识都是在行走的过程中，慢慢植入脑海的，最后根深蒂固。"

前面提到，我在出国进修的时候，在米兰小住过一段时间。趁着那段时间，特意去看了场歌剧。意大利各大剧院每年会不定期上演《卡门》《图兰朵》等名剧，有的歌剧也会有字幕。此外，也可以选择芭蕾舞剧。

米兰斯卡拉歌剧院的票相当抢手，我为了看柴可夫斯基的芭蕾舞名剧《胡桃夹子》，提前半个月预定了一张票。如果大家订不着票的话，可以在演出当日买张站票。这里的站票其实也是有座位的，只不过位置差，得站起来才能看到。站票 10 欧元左右，一天也就 100 多张，卖完就没有了。

在欧洲的一些歌剧院，最后两排的位置是不卖的，专门留给流浪汉，他们也会尽量穿着干净整洁的衣服来欣赏歌剧。

在巴黎小住的时候，去巴黎歌剧院陶醉了一次。有的歌剧分上半场和下半场，根据自己的喜好和时间来选择就好。如果喜欢拍照的朋友，可以在演出前进去拍照，二楼有个露台，非常适合拍照。

欣赏歌剧时，尽量专心一些，这是对表演者的尊重。巴黎昼夜温差大，晚上看歌剧可以带一件披肩。治安不太好，晚上出门要注意安全。

文学作品，都有不同的表现形式。有改编成电视电影的，有改变成舞台剧的。《茶花女》《卡门》等都是小说改编的，儿时就读这些小说，长大后，有了时间和机会，试着通过另一种形式去感受，有了不一样的体验。艺术面前人人平等，艺术从来没有高低之分，用心感受便好。

威士忌里的杯酒人生

弈翎说

"无论哪一种酒，都很难去谈好不好，更多是喜不喜欢吧，感受本身就是很主观的东西，自己喜欢的，就是好酒。"

村上春树说，"威士忌就像个美丽的女人，博取眼球，等你一见钟情，就是喝酒的时候了"。

在杭州的日子，晚上有空了会去延安路上的一家清吧坐坐。这家清吧主要以鸡尾酒和威士忌为主，店面几经易主，调酒师却还是那个专业的调酒师。

多年的工作习惯，喜欢独处，习惯安静，习惯自己思考问题和消化情绪。没有一个人坐在吧台的落寞，只有独处时的思路清晰。

最初喝的威士忌，是调酒师推荐的来自我国宝岛台湾的葛玛兰，现在好多酒吧都有这一款吧。威士忌常见的饮用方式是纯饮和加冰块饮。爱喝酒的朋友们推荐纯饮，因为可以完整感受酒的香气及酒体。需要注意的是，因为威士忌酒精浓度偏高，所以在喝时要用啜饮的方式，即入口后先用舌头或以咀嚼方式让酒液在口中打转，吞入喉中不要马上把嘴巴打开，可细细感受威士忌在口腔与鼻腔间萦绕的香气。

从我国台湾的葛玛兰喝到苏格兰百富 21 年，再到日本的响和山琦，也尝试过调酒师给我选的不同国家和不同年份的威士忌，目前更喜欢百富。

偶尔参加一些品鉴会，现在主流的大多数酒厂都已经在借助工业机械来进行酿酒，以使出产效率大幅度提升，而百富威士忌是当下仅有的依然沿用传统工艺、手工酿造单一纯麦威士忌的威士忌酒厂。这也是它坚持传统工艺和不忘初心的地方吧。

在上葡萄酒课时，我会请学员们上来演示，学员们会出现错拿酒杯的情况，还有一些同学喜欢用手碰到杯壁，拿着乱晃。那么，喝威士忌我们应该怎么选择酒杯呢？

品鉴用的威士忌杯子通常不会太大，而且尽管外形多样，细细看来，无外乎是"收口或阔口""大肚子或小肚子""杯沿外扩或杯沿直口"这三种形式的组合。

除此之外，还有好些酒吧用的是古典威士忌杯子，可能因为颜值好看，也是各大电影里面标配的威士忌酒杯。但这种杯子不太适合纯饮，因为直口、宽阔、大肚子的外形让这类酒杯里的威士忌很难聚拢香气，而且总是提早氧化。我自己喝酒的时候，喜欢加冰块，也特别喜欢看调酒师把冰块凿成圆球的模样。

细细品酒的过程，去感受它的香气，比如水果的香气，花朵的香气，烟熏和泥煤味等，再缓缓下咽。

喜欢喝威士忌的人都有自己中意的品牌，类似女孩子都有喜欢的香水味道一样。和常去的清吧投资人聊到威士忌，有个观点我也非常认同，威士忌国内时下流行的是单一麦芽，因为它风格迥异，每一瓶年份不一样，风味不一样。在这个独立的时代，大家越来越想要一些个性化的东西，恰好，在不同的威士忌种类和年份里面，都可以找到自己喜欢的。在不停地寻找和尝试过程中，也是另一种美好。

无论哪一种酒，都很难去谈好不好，更多是喜不喜欢吧，感受本身就是很主观的东西，自己喜欢的，就是好酒。

喝过一些酒，写过一些事，见过一些人，去过一些城市，唯独没有忘记那个城池塌陷也不曾丢下我的人，应酬喝得酩酊大醉都记得我电话号码的人。有些话，喝杯酒，坐下慢慢说。

生活需要一些仪式感，比如手冲一杯咖啡

弈翎说

"生活的仪式感，不是装得一定要怎样，可以随心所欲，也可以一件事情做到极致。我可以和你路边撸串儿，也可以和你优雅地吃个西餐。"

纷繁复杂的日子久了，需要一个简单的小空间，做一点自己喜欢的事情。

课堂上讲到西餐时，也会讲咖啡。下面来讲一下咖啡方面的知识和制作咖啡的感受。

咖啡豆是长在树上的，咖啡的历史最早源于埃塞俄比亚的"Caffa"地区，一个牧羊人注意到，他本来很爱睡懒觉的羊因为吃了一种不知名植物的叶子和果实之后，异常兴奋、躁动，不睡觉了。于是牧羊人就去问附近修道院的僧侣，僧侣知道后就观察、研究，发现确实如此。因为他们在漫长的祈祷中有时容易瞌睡，就想用这种植物种子保持清醒，经过多方尝试发现，把这种植物的种子烘焙，磨成粉，然后冲水制成饮料喝。可能正是这种特性使咖啡在修道院中得以广泛传播，后专供埃塞俄比亚的出征战士享用，并在多次入侵也门的战争中将咖啡带到了也门。以上

都是相关资料查阅到的。

日常我们提到咖啡，大家首先会想到蓝山，市面上我们看到的好些蓝山风味的咖啡，大多是店家自行调配的综合品。

真正的蓝山咖啡是一种微酸、柔顺、带甘、风味细腻的咖啡。纯蓝山咖啡口感、香味较淡，但喝起来却非常香醇精致，乃咖啡中之极品。根据牙买加咖啡工业局的标准，只有种植在海拔666米以上部分的咖啡才被称为牙买加蓝山咖啡，其中生产在海拔2100米以上，并且精挑细选的小颗圆豆叫蓝山1号。生长在蓝山低海拔与其他地区的咖啡豆，只能叫"牙买加高山豆"或"牙买加水洗豆"，与牙买加蓝山相比较，风味相差甚多，但是，这些产地的面积是真正蓝山地区的2倍，产量占该国的75%，所以买到牙买加咖啡时，不一定就代表买到了蓝山咖啡。

记得有一次有位老师去国外也给我带了当地的麝香猫咖啡，跟我说生怕买到假货，还专门跑了好几个地方。麝香猫咖啡拆开那一刻，香味浓郁，豆子比一般的黑，这个也代表烘焙得深一些，一般这类咖啡豆喝起来相对苦感多一点，建议女士或者刚刚开始品咖啡的朋友，选择中浅度烘焙、中度烘焙的咖啡豆。

如何自制咖啡呢？可以通过全自动咖啡机来实现，豆子放进去直接就能出来咖啡。然而对于喜欢动手的人来说，始终觉得差了点什么。曾看到某位美食家对星巴克的评价，多年前喜欢星巴克的店里都是手工咖啡的香味，现在一进门都是全自动的咖啡机，再也感受不到贩卖咖啡的那份惬意。

我自己用过比利时壶、虹吸壶、法压壶，磨粉一般用自动磨豆机，手动的虽然有情调，但太慢了，做好一杯咖啡手都酸了，当然不过私行里一些活动需要给客户感受时，还是让客户手动磨粉的感觉好，才有体验感。在磨粉的过程中，要注意刻度，不同工具需要的咖啡粉粗细不一样，不同磨豆机刻度粗细不一样，不同器具适合的温度也不一样。水质，如果想讲究点的话，可以考虑用纯净水、矿泉水，比如昆仑山、依云都行。

法压壶的使用相对比较简单，磨豆机出来的粉，直接倒进去，几分钟咖啡就好了。购买咖啡豆，自己磨粉，保质期相对长一点。一般豆子一两个月喝完新鲜些，不要存放太久。大家需要注意豆子研磨的程度。

手冲咖啡就复杂些，准备的工具也多，比如滤纸、滤杯，手冲壶、温度计、秤等，需要多加练习，刚开始冲的基本上没法喝。手冲壶咖啡粉时，细度，和白砂糖对比，差不多一样颗粒大小。

以上说的都是黑咖啡，就是不加糖不加奶的咖啡。

如果只有热水和杯子，就用挂耳咖啡。我喝过很多种类的咖啡，喜欢香浓偏苦口味，喝咖啡会加奶和糖的朋友，可以选择碳烧、曼特宁、意大利咖啡；有时清咖有时加奶的朋友，可以选择肯尼亚、巴西、摩卡咖啡；接受带些果酸或纯咖啡的朋友，可以选择蓝山、新几内亚、萨尔瓦多、西达摩咖啡。

生活的仪式感，不是装得一定要怎样，可以随心所欲，也可以一件事情做到极致。我可以和你路边撸串儿，也可以和你优雅地吃个西餐。

那些女性应该知道的小细节

"身为女子，不媚俗，不强求，活得通透一点，任何看似轻松点的事情，都有背后付出的代价。"

真正的精致都是到骨子里的，那些优雅的女性，连细节都一丝不苟，作为女性，我们应该注意哪些小细节呢？

第一，夏天记得剃腋毛，其实不一定夏天，都该剃腋毛。某次去北戴河出差，下午去河边走走，看到很多姑娘，穿着泳衣，腋毛都不剃，感觉是不完美的美。

再有，关于体毛问题，现在美容院或者医美有一些脱毛的方式，我没有尝试过，最简单的办法，买个女用剃毛器，直接刮掉，不要担心长粗。

第二，手是女人的第二张脸，在家里，护手霜多摆放一些，比如浴室、卧室、化妆镜前。我买的大支的欧舒丹护手霜，出差会带小支护手霜。指甲不要斑驳，有些姑娘要做指甲，但是指甲脱落了，不记得去修补或者重做。我没这个精力和时间去做指甲，不过也会十天半个月去手部护理的地方，让美甲师把指甲修得好看点。审美上，我个人觉得指甲上闪闪亮亮的镶嵌不一定美，职场上指甲油的颜色，标准来说也就淡粉色、裸色等，其他过于艳丽的颜色都不太合适。

第三，关于身上皮肤。有的明星说润体乳连脚后跟都要擦到。我们普通人，没说精致到无懈可击，起码尽量让皮肤光滑点。有的姑娘可能皮肤毛囊角质化，我的皮肤也是不太光滑，从巴黎药妆店买了大热的 SVR 身体乳，质感厚，没坚持用，用后发黏，需要再洗手。用下来的感受，效果没有特别好，建议坚持用欧树的万能油。

第四，在家也请穿件舒服一点的家居服或者睡衣，不要亏待自己。舒服主要是从材质上来说的，比如真丝、纯棉、棉麻、亚麻等。我在佛罗伦萨买过一个 LAPERIA 品牌的睡衣，蕾丝的细腻处理得不错。不过欧洲品牌的内衣，相对不聚拢，要是身材不太好的朋友也不合适。

从夏天舒适度来说，建议买几条真丝的睡裙或者套装。丝绸市场的真丝品牌，除了款式和设计不同，大部分品牌质量差不多。有的时候出门买菜或者遛弯，穿个纯棉的套装也行，总之工作之外，尽量舒适吧。

第五，个人的气场和运势一定和家里整洁度有关，如果家里先生负责主要的开销，打扫卫生这种事情，还是自己来吧。如果双方工作都比较忙，请阿姨打扫。要是还有老人帮衬的情况，真的要多感恩。居住的地方，尽量干净整洁。换季该清理的东西就清理掉，不要太多杂物。不管住的高层、洋房、别墅还是老房子，家里还是需要有个舒适的环境。房子可能是租来的，但生活不是租来的。

第六，和工作相关的场合，不要刻意装。礼仪老师，站直、坐好，这些基本的仪态是正常，刻意和本身底子的呈现真不一样，遇事都随和点，真正品位越高的老师，都周到得体。

　　身为女子，不媚俗，不强求，活得通透一点，任何看似轻松点的事情，都有背后付出的代价。路慎选，踏踏实实地走，尽量不辜负所有相携的人。

向内，学着和自己讲和

"成年人的疏远，从来都是不动声色。"

工作和生活的节奏越来越快，每个人都免不了会有或多或少的焦虑和恐慌，更有甚者有失眠等症状。听说有画家和作家去了深山，拿着不多的稿费，每天过着真正避开红尘的日子，山上消费相对不高，没有太多和外界接触，朋友圈呈现的都是对美、对自然、对精神的追求，简单而朴实的生活。

青年作家小岩井有篇文章写过一句话，"我总是在平衡，平衡自己不要功利，也不要孤僻，啥都平衡一点，日子更加圆融自在。"同感，和这些真正的作家相比，写作我只是业余选手，也尽量平衡不要功利，不要太自我，但是每个人肩上担子不一样，在走上坡路的时候，功利、物欲只能说尽量平衡，或者大家共赢。

除了内心学会平衡，在很多事情上要学着接受。不管是不是悲观还是现实地看待职场，但凡走得不错的人，都懂得其中复杂，各方关系的处理，自己本身实力，还有周边资源的运筹帷幄，都是必须要求我们有足够的能力。

有句古话是"合久必分，分久必合"，人和人之间的关系也是，

第二章 品位进阶

111

不远不近的距离其实挺好。工作上的一位朋友，我这人把你当朋友后，就会帮你做各种力所能及的事情，在培训圈，积累了这些年，加上我们各个平台的流量都不差，当然对方也非常优秀。后来因为一件小事情，我看得更加清楚了一些。在有些事情的处理上，我可能和通力合作的其中一个合作方关系不明朗，加上那段时间，有几件事情，并行处理。如果一路顺畅，那还好；如果我一旦有些路没有走稳，可能就会影响那些朋友的形象。

成年人的疏远，从来都是不动声色。试着努力过几次，主动沟通，无果。看明白，想明白之后，更加明白，这就是和工作相关的事情，每个人都希望自己更好，都不想受到任何波及。

在职场上，这些只是普通的小事情，是想告诉大家，无论哪种情况下，你都得自己行，也要接纳和理解对方的想法，你够好的时候，真的不愁那些朋友。

和自己讲和的时候，多一些对别人的理解，不要只是看到人家光鲜亮丽的那一面，岂不知道，每一种自由背后，都有太多不曾示人的东西。

好些朋友都认为我的工作很好，可以去很多地方，可以把自己打扮得美美的，同时还可以给别人带来美的感受。对于工作本身，这三尺讲台，肯定是热爱的，不然怎么会把大好青春都给了工作。人生有一份幸运，恰好，工作是自己所爱。

和自己讲和，要尽量去平衡一些理想和现实的差距，不要把自己逼得情绪崩溃。职场上的关系，心底清楚，谁都怕伤害自己的利益，做不了朋友的时候，不要强求。再有，万事万物，多看到背后的东西吧。

向书借辉芒

弈翎说

"看书，要选择适合自己的，要有自己的见解，不要单纯看排名和宣传。看书，本来就不该有功利性。"

在国大商场的西西弗书店买了几本书，观察在里面看书或者喝咖啡的人，和路上行色匆匆的人不是一个状态，好些姑娘没有像我们平时工作的职业状态那样讲究，但是同样自带光芒。

对于教育，我始终觉得耳濡目染，孩子所在的环境非常重要。

小时候我家住在一楼，门外有个小院子，种满了各种花草，我每天早上搬个小板凳，就在这个小院里朗读。爷爷是军人出身，立过战功，在单位算是老干部，他一直订阅各种报纸杂志。父亲不爱言语，只是每天让我早起背诵唐宋诗词。母亲是老师，同样家教甚严，放假都不让我出去，在家看书练字，还专门请了老师来教毛笔字。

各大城市，节奏快的状态，大家都在刷微博，回微信，我工作的交流沟通基本都在微信上。也看到好多人，只是在朋友圈努力。可能把书拍一个封面，配一杯咖啡，还有一个自拍，就是看完了一本书。

真正的阅读是怎样的，我看到过有些老师看书，书上密密麻麻的笔记，关于上课案例的书籍，我们都会重新写在案例本上，印象深刻。或者一些闲书，随意看，也没有压力。好些朋友让推荐书，其实开卷有益，哪怕看时尚杂志，也可以了解流行趋势，也可以重新改造衣橱。

在有的平台认识了好些爱写字的姑娘，工作之外，都看书写字。有的朋友还要照顾孩子、老公，同样也有时间看书写小说。虽然和她们没有见过面，隔着屏幕交流，我也可以感受到她们对生活的热爱和把日子过舒坦的那种状态。

说没时间看书的人，每周定时给自己一点时间。睡前，或者去一些可以看书可以喝咖啡的地方阅读。现在有的书店把文化本身融入环境里面，比如西西弗书店，北京的言几又书店，长沙的止间书店，都很有文化氛围，还常常有作者来分享，上次西西弗书店的老师让我去做分享嘉宾，出差太忙就没去了。

多看看一些真正名家的书，如果是某个领域，多看看比自己优秀的人的作品，或者国外一些翻译过来的书。

看书，要选择适合自己的，要有自己的见解，不要单纯看排名和宣传。看书，本来就不该有功利性。每次出去旅行，我都会带本书。这次出去旅行带了迟子建老师的书，正好是写自然的那本。每个作家的文章内容，都和生活环境、成长经历等有关系。我们看了许多繁华，甚至浮躁的书籍之后，也可以多看看。从来没有去接触过的世界，比如北国风光，比如塞外小镇，比如蔚蓝海岸，这样的书籍可以让我们回到最初，找到内心深处那份真的静谧安然。

身边好些优秀的姑娘，诗词歌赋、琴棋书画都懂，反而感情一片空白。可能这些问题，需要向内看，看书阅读到后面极致的追求，容易变得不接地气。人最好的状态是可以入世，也可以出世，这些不矛盾。好好工作，赚自己够开销的钱，声色犬马，觥筹交错也可以，也得有能力自己独处，独处确实是一种能力，好些人喜欢热闹，是因为心底太孤单。

第三章

能力进阶

优雅：女性品位进阶之道

3.1

高级的审美，来自走过的路

巴黎女人的优雅和品位

弈翎说

"做什么事情，呈现什么，都不要刻意，只有真实的东西才动人。"

在巴黎旅行的那段时间，我住的民宿，房间不大，一室一厅，位置离香榭丽舍和凯旋门很近，走路差不多 10 分钟的距离。之前在国内和美院教授聊关于女性优雅的话题时，美院教授曾提到，巴黎的女人很优雅。

于是在街上瞎晃荡的时候，脑子里就在想，巴黎女人的优雅和品位到底体现在哪些地方？

首先，穿着打扮上，他们拥抱时尚却不盲从，拒绝当流行的俘虏，各自有一套自己的黄金法则，不同价位产品的混搭，她们身上的衣服很难看出品牌和价格，不会为了品牌溢价买单，不着痕迹的时髦背后都会花不少心思。比如会有一两件式样简单，辨识度高的单品。

和我们在职场提倡套装的保险穿法不同，她们更多的是混搭不同风格和品牌，比如用新款的皮带配上十年前的西装，比如花心思选一个古董包搭配羊绒毛衣；比如把平时搭配牛仔裤的球鞋换成镶嵌宝石的凉鞋；比如毛衣搭配男款西装裤。

其次，她们不怕老，对年龄不斤斤计较，时刻香气袭人，不同时间段，不同场合会搭配恰当的香水。此外，我看过很多拿着各种旧物的巴黎老太太。在药妆店、在超市，看到有的老太太口红颜色是我们认为太难驾驭的芭比粉色。连负责打扫卫生的阿姨，也化淡妆和戴成套的配饰。手上那枚闪闪发光的戒指，虽然常年劳作，可能手部皮肤不再细嫩，这种对生活的态度，怎么看都那么美。她们的美从来不是千篇一律，而是有自己的想法和自信。

再次，她们对生活本身的尊重以及对生活得不怠慢和不辜负。我的房东很勤快，家里收拾的一尘不染。与房东聊了一会儿，房东把生活过得很精致，不管是工作、闺密聚会、菜市场买菜、做家务，都会做得恰到好处，而这更加体现出对生活的热爱。特意在家里吧台摆放着各种咖啡机，有全自动咖啡机、咖啡壶、胶囊咖啡机，配备了好几种咖啡粉，橱柜里还有大大小小十几种杯子，方便房客使用。

阳台长杆衣架上挂着几件房东不穿的旧衣服，房东将每件衣服都用防尘袋装起来，很细心。在寻找衣架的时候，房东在有颜色的衣架上缠绕了一些柔软的布料，目的是避免挂衣服的时候，衣服染色和变形。床头和客厅，摆有几个香薰烛台和首饰盘，这些都无不展示房东的品位。对于小空间收纳问题的解决，会买许

多收纳盒，借助标签分门别类。

　　优雅和品位来自很多地方，是自律，是细节，是对生活从头到脚的热爱，是一种值得学习的生活态度，而与你的年龄无关。

意大利的女人——随性而美，优雅浑然天成

"浑然天成的模样，从不是刻意为之。常见重要的人，我们会对镜贴花黄，会不知道穿哪一套衣服，这些都正常。美这个话题上，内在底子到了，展现出来的状态就是浑然天成。"

意大利女子，有随性抽烟的，去过周边几个城市，都发现好些女性有抽烟的习惯。

意大利的冬天，还是有些冷的，气温一般在 0 ～ 10 摄氏度。有的人一件皮草穿了很多年，大部分皮草款式没有太大的变化；有的人一个包背着很旧了，甚至包带子破了，都还在用，款式也谈不上时尚，就是中规中矩的款式。

还记得我在拿破仑街边上一个咖啡馆喝咖啡时，对面一位老奶奶，六七十岁的模样，拿着不太重的行李箱过马路。欧洲人都介意被人认为老，需要帮助。所以在她对面，我也没有主动过去帮忙。隔着几米的距离，我看得到她脸上的口红，精心搭配过的帽子、手套。这种精致不是刻意为之，和日常一样，浑然天成。

去周边旅行的时候，看到好些当地品牌，比如佛罗伦萨手工匠人的鞋店，价格适中，款式不多，几乎都是类似的圆头平底鞋，

可以选择不同的颜色定做。试了一双鞋子，穿上去，感觉踩在棉花上，脚感好，短时间走路应该不累。

还有些专门出售手套或者帽子的店铺，不同颜色和皮质的手套，用来搭配不同衣服。当然和天气也有关系，几度左右的天气，出门真的需要一副手套。我看着街上大部分女子都戴帽子，比如贝雷帽、小礼帽、大檐帽等。

在她们随性而美的背后，我也在思索，我们怎么做才可以更美。

衣橱以基本款为主。比如衬衫，整个人的质感呈现，一定和材质有关系。真丝，棉质首选，亚麻质地的衬衫，夏天穿起来挺舒服，容易皱，不挺括。棉麻材质的宽大中式风，真的不是每个人都可以驾驭好，慎选。

对于需要职业化，高级感的白领金领来说，重磅缎面的材质更加有质感。当然真丝分为很多种，比如乔其纱、丝绒、雪纺、欧根纱等。丝绒材质的套装和旗袍，穿了一段时间后，手肘、膝盖等部位容易磨损。欧根纱材质，好看是好看，不过做旗袍的话，不太推荐这个材质，主要是不好打理。

再有花色，大道至简。少则是多，穿衣打扮上，越来越喜欢做减法。搭配西装或者围巾、丝巾等，先考虑纯色。在花色选择上，建议不要特别花哨，可以有主色和辅色，其他配饰颜色跟着主色调搭配好，就不会突兀。结合上工作职位，严肃的工作岗位不太适合花哨的衣服。

在意大利，会看到女性有不同的围巾、丝巾。我们在搭配上可以考虑这些配饰。特别大的丝巾搭配衬衫不太方便，小方巾45cm 左右大小，系到脖子上，空乘的玫瑰花系法太正式，平时轻松随意点。或者 90cm×90cm 的方巾，除了围兜那样三角形系法，多学几种。时尚一点搭配，用小长巾或者方巾系到手腕上。

多年前，有位老师去日本，给我们带了不同花色的手帕，那时都用来系在包上或者手腕上。丝巾尽量选择手工包边，全真丝

质地。搭配办法很简单，丝巾上的颜色有衣服上的颜色就行。如果衣服是纯色，丝巾随意选择，或者只需要考虑其他配饰颜色，这样有协调感。丝巾常见的面料有真丝斜纹和缎面两种，我课堂示范时。用的真丝斜纹丝巾多一点，厚实些。

浑然天成的模样，从不是刻意为之。要见重要的人，我们会对镜贴花黄，会不知道穿哪一套衣服，这些都正常。美这个话题上，内在底子到了，展现出来的状态就是浑然天成。

多走走，多看看，你的眼界才会更宽

"这个社会不进则退，同样拼搏的职场，你不成长就是在后退。多走走，多看看，在物质丰厚的今天，我们的内心也需要不断丰盈。"

某次飞机上，遇到杭州经停飞往洛杉矶的一对夫妇。闲聊说起，他们在事业单位工作，虽然工资不多，但每年还是会找机会出去旅行一次。他们说，经常去外面走走、看看，可以让自己的眼界更宽。我们真正的底气，和本身的阅历有太大关系。晓雪的《优雅》，谈到一个观点，买包买表买房子不如出去旅行，我也非常赞同。

参加过一次关于行走的沙龙，分享嘉宾是位女性，她和她先生徒步去过世界许多地方。整个分享中，谈到他们在国外住的环保小木屋，走过冰川雪地遇到的困难，还有队友们的趣事。在行走的过程中，不仅让他们结识了很多朋友，还扩宽了解决问题的思维。看到他们有着共同的爱好，这何尝不是幸福的模样。

还有一位家境优越的姑娘小B，是我的一位读者朋友。前几年在伦敦读书，现居芬兰，精通几国语言，去过许多国家旅居，对生活有着最质朴的看法，不会一味要用某些品牌来证明自己。

前面提到，我在伦敦时，租住的民宿里有烤箱和微波炉。在国内我很少做饭，不会用烤箱。小 B 隔着时差，从在什么超市买什么菜，到怎么用烤箱，不同的食材需要烤多长时间等，她发来视频一一指导，最后我终于成功做出几道菜。那段时间她还时常关心我在伦敦是否习惯。和她交流观点的时候，看不到一点优越感，反而特别谦虚有礼。

一次从外地讲课回杭州，到达萧山机场时，已经是凌晨。妈妈一直想让我换一个工作，觉得一年有很多天都在外面出差讲课，太辛苦。父母都希望我们轻松自在的生活，只是大部分人真的可以轻松自在一辈子么？我跟妈妈说，这份工作，让我去过好多城市，见过许多人，遇到不同的突发状况，感受到不同的课程现场，我从中练就的能力，不是天天图安稳，待在父母庇护下的工作可以比拟的。

多走走，多看看，在物质丰厚的今天，我们的眼界和阅历才会拓宽和提高，内心也会更丰盈和强大。

那些走过的路，一定不会辜负你的成长

"在行走的路上，见过的人，经历过的事，都是我们的成长。见过天地，最后才会看到真实的自己。"

抛开人和人之间感情来说，职场上的事情，除了薪水外，成长也同样很重要。都有工作的人，不想说什么梦想类的大话，在意薪水的同时，也要在意成长的空间。就像我自己 25 岁的时候，我就告诉自己，不要在意现在赚多少，5 年后值多少才重要。

一位在浙大女性企业家班级认识的学员，有空在杭州也一起吃饭。聊到小孩出国的话题，她说特别舍不得。如果出国学习是孩子自己提出的，家里条件都也允许，我个人建议，都该让孩子去多看看外面的世界。

在各地金融行业上课时，也会遇到一些单位专门给招聘的留学生开课。课间跟他们聊天，我能够从这些孩子的话语和整个课堂表现中，感受到更多的力量，和被束缚太多的孩子不一样。

那些走过的路，定然不会辜负你的成长。还记得我刚参加工作不久，和一位朋友在嘉乐港式茶餐厅吃饭，席间听他讲起，当年自己一个人，带团队去印度孟买开拓市场的事情，还有经历过的那些不安全的事情，吃不惯那边食物，整个公司连厨师都带过去等。听他在讲的时候，瞬间有种崇拜和羡慕。

后来，自己自由行去过一些国家。最初连坐地铁都不会，也不敢随意乱走，生怕自己迷路。记得第一次出国，到了当地机场，英语水平一般，我心底有些慌乱，心想如果在机场打出租车的话肯定相对安全。然后把酒店地址给出租车司机，沿途发现所在区域不太繁华，心里想着，实在不行，就在酒店待三四天，再回国。没想到办理入住的时候，遇到一位中国导游，交流下来，基本上把怎么游玩搞清楚了。

多去看看这个世界真挺好，遇事也会淡定很多。

在行走的时候，还可以遇到一些有趣的事情。因为都是独自行走，一路也相当谨慎，不搭讪，不闲聊。一次在吴哥窟某个酒店住了好几天，早上自然醒，十点之前去吃早餐。这个酒店住宿的中国人很多，房客们可能在餐厅会遇到，也可能会在大堂遇到。有天晚上，我在大堂吧听歌，点了一杯当地啤酒和其他吃的，旁边桌坐了一位男士，都是有些面熟，可能餐厅遇到过，不过不熟悉，也不打招呼。后来我结账的时候，服务员告诉我，账单旁边那位男士已经把账结了。不熟悉的情况下，账单被别人结了，只是觉得挺不好意思的，第二天在餐厅遇到，我主动去打了招呼，算是认识了。

每年独自去一些国家的经验下来，从最初的只会买买买，到后面真的会去了解这个国家的风土人情，会像当地人一样去生活，会去菜场买菜做饭，会去思考和文化，和社会环境相关的东西。也会让生活慢下来，真正用心去感受，去思考。在行走的路上，见过的人，经历过的事，都是我们的成长。见过天地，最后才会看到真实的自己。

审美，首先要学会接纳自己

"审美的前提是接纳自己，要自信一些，多看到自己优点，多走一些路，多看一些风景，多学习，多成长，内在丰盈，遇事淡定，让人感觉如沐春风，才是真的美。"

前面的文章有提到，我在意大利待过一段时间。当时找了一个翻译姑娘。她除了做翻译工作外，平时也做模特，会在米兰时装周走秀，还研究民族学，现在是中国一所大学的研究生。外国人的五官比较立体，加上她又是标准的上镜小脸，我和她自拍后，朋友圈都没敢发，我气场太弱了。

她陪着我去了酒庄，从酒庄回来的路上聊到时尚的话题，她说："我觉得好些姑娘不爱自己，也就是不够接纳自己。"仔细看，她的穿衣打扮，更关注自我，自己觉得好就好。不会刻意要成为怎样，跟着心走。下午有时间我们去了打折村，她看的品牌都是有设计感的一些品牌。关于接纳自己这个话题，好些朋友不够自信，脸上各种整形，不是说整形不好，本身有风险的事情，都要慎重。

在日本和韩国，我看到很多整形医院，在欧洲很少，甚至街上类似 SPA 馆的地方都很少。路上迎面过来的很多人，脸上有皱纹，有大冬天露小腿的老太太，有背着古老包包的小女孩，但是大部分人，脸上都洋溢平和安定，不急不慢的表情。可以读出，他们对于自己的满意。

西方对人的审美，是有特点的那种，比如吕燕的小雀斑，刘雯的大气，而不是一水的锥子脸。整体审美，品位的提升，是有一段过程的，争取每年的自己都要比去年的自己好就行。这种美，归根到底就是骨子里的自信和接纳。

关于搭配上，她说："我买某个品牌，不会因为它本身的名气去购买，买的话也是因为质量好。"听起来确实有道理，好些学设计，在时尚行业工作的朋友，都喜欢有设计感的东西。

因为不在意品牌本身，才会有超然之外的状态去使用。我早就过了非常喜欢买东西的阶段，身外之物的配饰，什么品牌真的不重要，适合自己才重要。有个姑娘在香港地区的商场看到 DVF 连衣裙打折，2200 港币左右可以买一条，我们知道内地专柜几乎都是四五千的价格，她说她还是忍住了，就买了一条裙子。而旁边一位姐姐，一下子买了四五条裙子，因为销售人员说卖到四条可以有更多折扣。

在审美，在买东西的道路上，理性一点去看，虽然有的地方价格好，有折扣，或者尺码小一号等，好些朋友可能会想着那么合算不买就错过了。小一个尺码的衣服，可以瘦了再穿，其实最后，好些都是放在衣柜，可能吊牌都没有摘下来。

美，本身就没有统一的标准。实在不够自信怎么办呢，对着穿衣镜，找自己身上无论外在还是内在的三个优点，多看到自己的长处，自信一点，洋溢的笑容，才是真的美。

　　审美的前提是接纳自己，要自信一些，多看到自己优点，多走一些路，多看一些风景，多学习，多成长，内在丰盈，遇事淡定，让人感觉如沐春风，才是真的美。

审美这件事，不怕不懂，就怕还停留在最初

弈翎说

"不是流行什么我们就要跟着走，寻找适合自己的风格，把流行趋势作为参考。"

任何工作都需要不断地进步，特别是被人关注比较多的工作，人家对你都有期望，都希望看到你有所提升。某时尚主编，十年前和现在的照片，明显现在的气质和服饰，分分钟碾压以前的照片，因为她们的工作就是传递美，传递时尚，首先自己就是这份传递的代言人。

时下流行的一句话，你的气质藏在走过的路、读过的书、经历过的事里。我们整个人的呈现，是所有的综合，而不是单一的某一项。有些审美趋势或者流行趋势，是十年前，或者过时的，除了一些中式风，或者经典款，没有太多变化，不容易过时，比如早几年流行的蛋糕裙，可能今年穿出来就不那么好看了。

审美，一定是随着时间变化，不断需要提升的。就比如妆容来说，早年前，妈妈辈流行粗眼线，细眉毛，前段时间流行一字眉，近期看杂志大片，好些模特眼线都不化了，就是涂个眼影，流行干净清淡的妆容。淡妆显得年轻，好些朋友想遮盖脸上瑕疵，

就把底妆打得太厚，越浓越显得老气。不是流行什么我们就要跟着走，寻找适合自己的风格，把流行趋势作为参考。每个人的成长背景和环境都不一样，去过很多城市，都会去观察她们美，还会和身边的朋友讨论美学的问题。怎么去提升，尽量去学习比你好更多的人的审美，可能每个公司都有一个特别爱打扮，不招人待见的姑娘，不要排斥，要学习人家优点。

学习和提升，不要就看到眼前的人或者事。我还在某服装品牌公司做培训老师的时候，当时公司整个理念就是要多看看竞品，而我自己关注更多的还是其他奢侈品品牌。每个品牌在时尚圈的位置，就像每个人在什么位置，自然是有原因，不要止于看到眼前那点竞争，我们都要努力去更大的提升。

再有，如果有时间和能力，去当地最好的酒店喝个下午茶或者咖啡，一般出入这类地方的人都讲究，好好学习他们的打扮。

自身在审美上提升了，其他都是相通的，布置家居、家里装修等，都代表着我们审美和品位。

艺术的东西，始终是相通的

弈翎说

"艺术的东西，始终是相通的。比拍照记录更用心的，是用眼睛去感受。"

在杭州，我住在市区，距离国大商场不太远，新开的国大有恒庐美术馆，每次去西西弗书店的时候，就顺带去逛逛美术馆。在国大看过陈漫的摄影展，也看过好些美术馆展出的画，书法作品等。

艺术类的东西，好些朋友会觉得看不懂。其实不学这个专业也没有关系，看不懂也没有关系，艺术的东西，始终是相通的。比拍照记录更用心的，是用眼睛去感受。可以在一幅画面前，看着色彩流动，去思考当下的生活。也可以看到童趣的画面，回味纯真的年代。

每到一个不常去的城市讲课，比如我国新疆，我都会去看看当地博物馆，看看历史的发展，虽然记不住，可能很多东西，没有解说还理解不了。每到一个国家，我也会专门安排时间，去当地的博物馆看看。在新加坡，也看到很多精美的刺绣和传统的服饰，我不一定把这些都拿到课堂上做素材，但是见过的东西，多少脑子里会有印象，当某天聊到一些事情，或写到某个点，或讲到某个内容的时候，它们就会自然跳出来。知识和阅历的储备就是这么来的吧。

　　意大利国家的文化历史，和文艺复兴就有很大关系。还记得当时从阿玛尼的咖啡馆出来（阿玛尼在迪拜也有酒店，所有用品都有自己标志，这些都是做品牌基本的，值得一些重视品牌的公

司学习），顺路去了波尔迪·佩佐利博物馆，距离拿破仑大街不远。这里曾是收藏家波尔迪·佩佐利的私人住宅，去世之后，他的收藏品和住宅被捐赠给米兰市政府，从而改成了现在的博物馆。藏品有很多种类：刺绣，玻璃制品，陶瓷，家具等。看到十七世纪的钟表，全部金色的外壳。结合自己课程的名表文化，我拍了些照片给讲艺术品鉴赏的崇华老师，问他这类钟表材质上的特点。他给我说，主要是铜鎏金或者金的材质。

　　里面的好些画作，要仔细看英文介绍，再加上一些历史知识，才更能了解，比如波提切利的《圣母子》就是镇馆之宝。哪怕不认识英文，看不懂也没关系的。慢慢用心感受，看看周围建筑风格，看看不同的藏品，去感受这样的艺术气息。

　　就像每个城市都有自己的特有气质一样，江南有江南的温婉多姿，我想江南待久了的姑娘，都有小家碧玉的气质吧。少不入蜀，老不出川的成都，蜀中女子，普遍面容姣好，大气仗义。北京有北京的宏伟大气，好些北方的朋友处事就非常豪爽，这些就是城市气质赋予我们的个性。米兰这样历史悠久的城市，自然有特定的城市气质，好好用心感受。

米兰科莫街十号概念店（Corso Como10），是米兰时尚界和艺术界牛人 Carla Sozzani 女士创建，据说北京和上海也有分店，光顾的都是时尚界人士。喝咖啡的时候，无意瞥见，前面的中国姑娘在编辑网站时尚资讯。

　　这家概念店有两层。里面有不少绿植，第一层是咖啡和餐吧，服务员不太多，态度一般。也有设计师品牌服饰、配饰等，很有设计感，随便一件短袖两三百欧的价格，从质量上来说，我个人感觉更多的是在卖设计吧。

楼上有画廊，可以好好看看。黑白的画，传递着干干净净的美。哪怕画中的裸女，也让人感觉不到情欲，就是感受到简单的艺术气息。

再有是艺术类书籍，好些地方找不到的书籍，这里都有。我随便看了几本，主要是看图，觉得那个年代的黑白照片美得无法替代，且不过时。每个模特有特点的脸庞，不是现在满屏的网红脸，有的图片甚至就是一双床前的高跟鞋，也能让人无尽遐想。

关于艺术，有不少朋友说看不懂，也有老师开玩笑说，看不懂也看，看个气质。看一些展览的时候，可以提前做一些功课，相关的介绍或者书籍找来看看，再去观看，会更有收获。

如何成为职场中不可替代的人

都市职场女性，对职场骚扰说"不"

弈翎说

"工作的地方，讲究双赢，男人把你放在足够敬重的位置上，是不可能骚扰你的。"

怎样更好地避免职场骚扰，首先在我的概念中，职场上骚扰女同事、女下属的领导，都做不长久，格局不高。大部分真正的高层，居高位的人，都明白职场就是职场，哪里有那么多感情的牵扯，职场就是好好做事情。

女性怎样去避免职场骚扰呢，自己在穿衣打扮上，要尽量职业点，不要袒胸露乳，搔首弄姿。前几天课程现场还聊到中高层女性领导可以多穿外套，显得更加有权威感，太多时候你的气场够强，对方就不敢骚扰你。作为女老师，讲课这几年，在工作场合，收起了短小的裙装和领口太低的衣服。

言行举止上，正气一点，除了正常必需的应酬，其他是不需要的。我们小伙伴给到合作方的文档上，会注明一点，老师不参

与宴请、不喝酒等字眼。工作上自己要有规矩，能够一起喝酒的都是朋友。

更重要的一点，学会培养自己做事情的能力，我见过很多优秀的女性，真的是靠自己一路过来的。工作的地方，讲究双赢，男人把你放在足够敬重的位置上，是不可能骚扰你的。在这条路上，可能会涉及和不同的异性前辈打交道，其实只要你真诚用心地展示自己的不容易，大部分人都是好人，都不会为难你。那作为女性，自己也要有度，十点以后，不是太紧急事情，对于有家庭的异性，就不要再沟通工作之外的事情了。

和工作上异性打交道，要光明正大，特别年纪轻轻的女孩子，不要让人造成误会。工作上没人比的都是你能力行不行，做事行不行，做事情不行，也没有机会的。

既然工作关系，我们就要学会主动埋单，才会真正有对方的平等对待。

职场上，要稳重、干净，才会走更远的路。哪怕在任何流言蜚语面前，才有无所畏惧的底气。

每个行业都有每个行业的规矩

每个行业都有每个行业的规矩，有的新入行的朋友，可能违背了行规都不知道。这些规矩，有的是大家可以摆在桌面上谈的，有的可能不会拿出来谈，但是作为工作的人，自己要知道的。

分享一个和这个话题有关的事情。有次事情，麻烦了其他行业的一个朋友 A 帮忙安排。A 请了 B 来做这个事情，整个事情做得很漂亮，按照工作来说，给完报酬就可以了。我想着还是要感谢一下，于是邀请他一起喝茶。

事后，B 跟我说，以后此类事情找他就好。一报价，B 比 A 跟我说得多很多。虽然不在他们行业，但是一些工作的报价稍微打听都知道的。先不说报价，我想事后让我其他事情找他的行为，可能算抢客户吧。

每个人在做类似工作的时候，都会自己维系的客户，A 和 B 工作类似，只是当时我们团队要得结果只能是 B 才可以完成。A 把这件事情给了 B，如果这次 B 把客户抢走了，以后我想 A 就可能不会给 B 这样的机会了。

当然这个和专门做营销岗位的朋友，各家公司争取客户性质不一样。

对比下，其他可能周到点的做法。有朋友让我帮忙介绍事情，第一句话是：你方不方便，如果对你有什么影响，那不帮忙也没事的。其实帮忙接，有时就是一句话的事儿，也确实对我没什么影响。人家会想到这一点，反而觉得对方真的很懂事。

在出版社编辑没有找我之前，2015 年我问过青年作家冷莹，我说那么多人找你写书，有合适的编辑你可以给我做个推荐不。还特意问了，介绍了编辑给我认识，会不会对你的书有影响等问题。她倒是很大度地说，没关系，都不影响。后来她给我推荐了好几位编辑，那时我一直出差，当时也没有顾得上联系。因为不在人家那个行业，不明白有的规矩，还是清楚一点比较好。

再有，上次我们在对接电视台和媒体一些事情，虽然零零散散认识些主持人、制片、导演，真正聊工作的时候很少，我特意问了一位以前在大连电视台工作的朋友需要注意的事项。对于他们这个行业，他开玩笑说，天时地利都没有用，关键是人和。总的来说，打交道还是要真诚。在演艺圈、影视圈发展，很多还是和"人和"这个因素有太大关系吧。有才华又努力的人真的很多，但是真正被万众瞩目的不多。

一次去天津，当天我飞了一个来回，只是为了见一位制片老师，谈关于综艺栏目的事情。席间我们喝茶聊天，他说每个行业都有每个行业的特点，要考虑的事情很多，站在台前的人，背后也需要付出相当多的努力，都不是看起来那么简单。哪怕有的事情做个推荐，主办方要考虑其个人想法，也会考虑对方的需求，都是要权衡各种利弊的。

怕写多了这些，好些朋友会觉得生活很累，想要走得更好，没有谁不累。

总结下来，工作上很多事情，在自己不熟悉的领域去打交道的时候，多了解一点对方本身的规矩，该谈钱的时候不要谈感情，另外就是要真诚吧。

职场女性如何自我投资

弈翎说

"我们的投资，第一个职场不要盲目地乱换工作、换行业，成长真的比现阶段赚多少重要太多，不是25岁，30岁的时候赚多少，是过几年你到底值多少，第二个，看清楚自己所有优势劣势。"

进修回国后和好友相约在宝龙城吃饭。感叹，一晃差十年了。最初大家在单位的时候，走得不太近，离职之后，反而成了好朋友。

那天吃饭，说到她自己，重庆某重点大学英语专业毕业，最初在一家知名国企的人力资源部门工作，工作内容涉及咨询和培训。当时的工作强度对于刚刚毕业的她来说，需要花费诸多休息时间才可以做好。不过她给说，可以学到新的东西也是非常值得。

再后来，到杭州一家业内排名前三的培训公司，在人资部门负责培训。刚到杭州，为了方便男友的工作，自己每天来回坐三小时公交车。我还记得，有一次我们去西湖边吃饭，闲逛到路边站牌，那条路上所有站牌她都熟悉，每天都要坐车来回一遍。在这家公司的时候，她说最大的收获，是当时的人力资源总监够专业，教会她很多，不管是工作还是为人处事。后来总监离职，她没过多久也离开了公司。去了一家电商公司，从人资主管做起，一年多时间，她从主管到了副总。我看着她，招聘新人，组织公司团建，开年会。公司搬家，自己找场地去谈好所有事情，领导几乎都是放手状态。说现在回想起那个阶段，真的是焦头烂额，不过跌跌撞撞中也是过来了。现在的她去了一家咨询公司做咨询顾问，报酬按天收费，时间相对自由。

聊到最后，她给我说，其实每一步，每换一个公司，都是步步为营，都会考虑很多。开始都不太在意工资多少，主要看前景，看可以学到多少东西，包括后面她自己规划，再去咨询行业学习几年，35 岁以后，打算安稳一点，就去做一些简单点的工作。

这个姑娘的故事，我用简洁的笔墨写到这里。相比，自己的矫情，我是相当汗颜，误打误撞过来，至于后面为什么还挺顺利，大概是运气好吧。我自己总结了一下：第一个，舍得吃苦；第二个，懂得感恩；第三个，不要辜负那些对我们好的人，无论精神和物质上，都不要辜负。

其实每个人有每个人的活法，都值得尊重。无论哪一条路，哪一种生活，都要清清楚楚，明白自己需要什么，要明白个中取舍。

我们的投资，第一个职场，不要盲目乱换工作换行业，成长真的比现阶段赚多少重要太多，不是 25 岁或 30 岁的时候能赚多少，而是过几年你的价值能提升多少；第二个，看清楚自己所有优势劣势。这个姑娘给我说，最初在培训部门，为什么没有像我一样选择做讲师，因为知道自己身高不够，还有对外打交道的能力也和我不一样，每个大公司的培训总监是要求必须会讲课，形象气质也得出众，她长期发展下去，不会很乐观，不如退到专业位置，咨询领域，更加适合。

无论合作还是自己工作本身，都不要给对方太大压力，在各种竞争激烈的今天，没有谁一定要为你怎样，比如对于我自己而言，工作上的事情，我们肯定是要结果，签了那么多合约，自然希望最后数据要好看，才不负大家拼命努力一场。如果合作阶段，数据不太美丽，多自省，是不是自己还不够专业，是不是还欠缺什么内容，是不是该配合的事情没有做好。尽量不要给合作方施加压力，先努力做好自己。太多的事情，能够想到你，实属难得，至于后面有没有更多的合作，都随缘。真正做到高位的女性，肯定是懂得承担的人，不推卸责任是起码的要求，尽量不要去计较太多，吃点小亏，或者主动多付出一点真的没关系，从长远看，一定会给你带来很多隐性的好处，只是现阶段的我们，不一定觉察得到。我们都理解职场的纷繁复杂，工作之外的圈子，尽量去单纯一点。和身边好些朋友可以很交心地去相处，主要就是我对人家的资源，没有任何功利性，再有长久的关系，是几年，甚至十年下来的，真正可以做朋友的人，我们也该主动去问下有没有，我们自己可以为人家做的。而不是一上来，都不熟悉的人，直接给你谈什么朋友圈、资源共享，等等，太功利的人，哪怕走得好，也是不长久的。试想，做事情的人，如果按照做事的标准来谈，一起合作共赢，而不是打着情感牌，去谈什么共享。愿意给你共享的人，是不需要你说的。无论哪一种关系里面，愿意掏心掏肺对你好的人，是生怕给你不够多。

职场女性的自我投资，归根到底要自己真正有货，学会让自己更加值钱，才是长远之计。

朋友圈藏着真实的你

现在大家联系是一般是用微信，很少用 QQ 了。我们加上微信后，首先是看对方朋友圈，所以说朋友圈里藏着真实的你。为什么说藏着，因为大部分人朋友圈展示的都是最好的模样，不一定是真实，所以说藏着。比如女孩子，拍照上百张，P 图几小时，就为了发个朋友圈的情况很常见。

如果对于把工作和生活分开的人来说，索性就准备两个微信，一个工作用，一个生活用。如果不想太麻烦，请分组。

分享下深入一点的微信礼仪。微信成了大家的办公工具，在社交场合认识了人，都会先加个微信，以便联系。但有些朋友加上对方微信，不做自我介绍，基本的寒暄都没有，特别是人多的场合，过几天就谁也不认识谁了。还有对于稍微有点身份的人，如果想去认识，不管是朋友推荐的名片，或者通过群发出去的验证信息，好些人也不会做任何说明，这样不说明缘由的情况下，对方极大概率不会通过。

看到一个观点说，聊微信发大段语音的行为让人讨厌。对于大段语音，我是这么想的，大家在工作上不可能随时随地方便听语音，所以聊事情，先打字，简洁明了，说不清楚，再发语音。发语音之前，可以打字问一下对方是否方便。还有好些情商高的朋友，平时关系也不错，平时都是发语音交流，但是对方看到你发了几句文字之后，立马明白，你可能不方便听语音，换成打字回复。

有朋友建议下载一个 App——讯飞手机版，会自动装到微信里，然后微信下方会有一个语音输入，讲语音的时候慢一点，都可以识别的。这个办法不错，当然不是所有语音都可以识别，总的来说还是比较好用。

还有一种情况，一些长辈、前辈，不习惯打字，或者很忙的人，也没那么多时间打字，喜欢发语音，我们要理解下。

当然家人，亲朋好友之间聊天不用考虑那么多，怎么方便怎么来。

微信的视频功能，不是非常亲密关系的人，可能不大方便用视频功能吧。某次在东站排队进站时，一个女孩子边走路边和男友聊视频，各种撒娇，在旁边的我，鸡皮疙瘩掉了一地。同理，公共场合听语音也不要开扩音器，建议在旁边有人的时候也不要用扩音器。如果是用微信语音电话的功能，建议先问下对方是否方便。

最后关于微信朋友圈，要展示，尽量轻描淡写地去展示。总体发现男性朋友，不会展示太多。某些领导的朋友圈，只是展示和部门、单位相关的事情，极少私人情感，这样就非常专业。再说下某些不太恰当的行为，比如群发理财产品的信息给客户，比如天天发产品信息，希望这样的行为不要被客户拉黑。

还有一类心灵鸡汤的朋友圈，可能这样的人，过得不一定幸福，才会自己发那么多鸡汤，给自己打气。常理来说，没有谁天天正能量，天天气势如虹。谁都有负面情绪，只是看怎么宣泄罢了。

另一种朋友圈内容，发截图，用数据展示，展示各种豪车，方向盘等。对于普通人来说，换了新车是好事情，偶尔展示个方向盘，晒个房产证，正常。过度展示，内心就透着心虚，反倒是，真正有实力的人，都特别低调，不一定会做过多展示。看问题，不能只看表象。

也有些朋友，展示的是和自己生活品质对等的日常，这些无可厚非，别人也不会多想。某次看到一位博主的话，说男性不在意女孩子用什么配饰，在意的是买包买表的钱是怎么来的。换句话说，就是你的收入，是不是和自己展示出来的生活品质相匹配，如果不是，人家可能会多想。

也看到某些男性，晒的都是自拍，或者八块腹肌的照片。我想，除了艺人、演员的工作需要，这样展示无可厚非。寻常的我们不需要的，正常就好。男性，更多需要展示内在实力。

另外关于秀恩爱这件事，可以秀，不要过度。如果谈个恋爱，一点不展示，也不大符合常理。其实真正职业的人，工作的朋友圈，很少分享私人问题。

最后对于朋友圈的塑造，要考虑这几个点。微信名，根据工作或者生活需要，尽量不要有各种看不懂的符号，如果你是在企事业单位工作，大家都用中文名，最好不要用英文名，外企大部分会选择英文名。有些营销岗位的朋友微信名会加上电话号码，如果是管理层就不建议在微信名里加电话号码。头像，职场的形象一定要有辨识度，微信头像也是如此，不要轻易换。如果头像用了好些年，和现在本身工作状态不太符合，也要注意及时替换。再有签名，签名不建议太激进的话语或者太消极的话语，尽量平和一点，或者不要签名也行。朋友圈的内容，建议用生活去带工作，轻松自在地展示，不要一味展示自己特别辛苦。

　　朋友圈藏着真实的你，我们在看人家朋友圈的时候，不要全信，我们自己在展示的时候，要多思考。

3.3

做个"秀而不媚，清而不寒"的高情商女子

这样的姑娘，才会被岁月温柔以待

弈翎说

"在房子车子面前，好些姑娘在意名字的时候，或许应该更加努力吧，喜欢你的人，生怕给你不够多。在意，算计，纠结这些东西的时候，都是不够爱。努力，让自己许自己一个未来。"

分享两个姑娘的故事。一个姑娘是在杭州市区一家小酒馆认识的，工作不太忙的时候，偶尔晚上去附近酒馆喝精酿啤酒。一天，这个姑娘也在，当着我的面，和酒馆经理开玩笑，"我一直以为我是你们这里顾客中颜值最高的，没想到今天我不是呀。"面对这样算是赞美的话，是个女人都受用，这样一下子拉近了我们的距离，彼此间加了微信。后来得知，她是浙江民族乐团青年笙演奏家，也是常年满世界演出。

平时交集不太多，偶尔交流。1988 年左右出生的姑娘，自己在杭州买房子、装修房子已经算是很能干了。她说，好些宝贝

第三章 能力进阶 155

都是自己满世界淘来的，花了一年多的时间，布置成了自己喜欢的模样。

老小区没有电梯，我问，那出差的行李怎么办，另外还有那么沉重的乐器。她轻描淡写地说，这些年都习惯了，每次都是自己搬上搬下。瞬间，我觉得这姑娘一点不矫情，确实只有常出差的人，才有这份感同身受。

有时候也会看她朋友圈状态，偶尔提到辛苦、累、不开心等，不过总的内容都是积极向上，不演出的日子，也去高校给学生们上声乐类课程。

一次我要去清华大学给艺术团团长们讲涉外礼仪，正好课程对象和她们有些相同。我特意约她出来喝下午茶，想多了解一点和她们工作相关的事情，这样上课针对性强一点。在咖啡馆，聊完她们工作后，聊到生活上的事情，她说从宜家买的家具，送货回来后，家里有个工具箱，自己组装。听到这里，我完全傻眼，原来我以为"组装""工具箱"这些词汇在男人世界里面才有，没想到眼前这个弱女子——彩蝶艺术团的青年笙演奏家一样可以自己来。敬佩中，有些心疼，社会有分工，好些姑娘硬生生地被逼成了什么都会的模样。

对于普通人来说，在一二线城市买一套房子不是简单的事情，我敬佩的是，有能力自己买房，把生活安排好的姑娘，还把日子过得不矫情。

在房子车子面前，好些姑娘在意名字的时候，或许应该更加努力吧，喜欢你的人，生怕给你不够多。在意、算计、纠结这些东西的时候，可能是不够爱吧。努力，靠自己去许一个未来。

还有一个姑娘，两年前她们公司在厦门开年会，让我去分享了一个关于奢侈品的话题。一个小时的内容分享后，相互加了微信。那时候知道她是公司大区经理，分管北方的市场，业绩第一。无意听到同事说她，最初她在其他行业做简单基础的工作，后来到培训行业，一路努力，现在很出类拔萃。英雄莫问出处，从最初的基础工作，到后来的业绩第一，对于这个姑娘的起点来说，肯定要付出比常人多许多倍的努力。

　　再后来，我看她自己去开了公司，一个季度可以做到好几千万的业绩，不到三十岁的姑娘，去管理一个公司，对大部分人来说，都是不容易的事情吧。

　　我们偶尔微信简单聊几句，看到她的动态，大部分时间都在工作，加班是常事，熬夜是常事，年底也会带着同事去斯里兰卡，泰国度假。

　　人和人之间，也正是有这份欣赏，才会彼此去认可。

　　不是说努力工作，就不需要生活，工作之外，她们同样把日子过得如诗般美好。前提是因为有这份工作的能力，才不会纠结一些日常的琐事。如果，日子本身，因为一些小事情去纠结的时候，那真的要去提升自己的能力。

　　努力的姑娘，都值得岁月温柔以待。

与人交往别忘了走心

"人和人相处，商业社会，都会考虑对方价值，不要苛责，自身价值越大，涌向你的资源就越多，在现实面前做好自己就行。"

时常会收到卖产品的人的问候信息，每天雷打不动。其实这些最初级的做法，根本打动不了人。听我上课的学员，一般是业务团队的朋友，我明白大家都需要花心思琢磨客户，特别是服务高净值客户的朋友。

人和人之间的感情在商业社会里，有利益，有共赢，有各种合作才会更加紧密，涉及工作关系，都不能单纯地说是什么都不图的朋友。

分享一个被感动的故事。一位女老师，心理学博士，专业领域深耕十多年。我们平时交流不多，最初交流是因为我看她授课照片，拍得高级自然，穿衣打扮特别有自己的风格，而非寻常中规中矩的职业装。她先生是上市公司股东，住在上海郊区的别墅，而她的为人处事却很低调，从不张扬。

后来，她刚开始讲课，对于培训行业不是特别熟悉，一次关于上课的问题我们有探讨过，再后来年会见过面，平时都忙，微信也很少沟通。

我在巴黎的那段时间，突然有天早上，收到她大段大段的语音：早上醒来，突然想到我，一个人在法国，虽然知道我经常到处飞，毕竟一个人，她还是很担心。

这些真诚的担心都不假，说明别人真的是惦记你。也聊各自近况和后面的规划。这个小事情之后，大家关系都更近了一步。不是那种假兮兮，或者做功课一样，客套地关心你，是真正担心你才让人感动。

回国后，因为工作上的事情，我第一时间向她请教，课程方向、定位，还有整个配合运营的事情。晚上 10 点我收到一份很详细的 PPT，对方给我讲了一个小时。从最初课程定位分析，到行业定位，到底层逻辑，再到整体形象定位，挨个给我指导了一遍。对于立志要站好三尺讲台的人来说，这些规划都是需要时间慢慢去努力的，真正底子的东西，急不得。

为了给我更好的建议，她去了解现在我面临的所有竞争情况，后面建议深入的地方，也去了解相关的专业情况。

当然，在职场，收到过很多真诚的建议和用心的观点，每次别人的用心，我都记得。那同样，在工作中，我们对人对事，特别对客户，扪心自问，到底用了多少心？

课堂上听一位学员说，某次看到她私行客户半夜发朋友圈，内容是先生去世的信息。对于四十多岁的女性，先生是家里的顶梁柱，突然离开，得是多大的打击。后来她一直用心地关心这位女客户，也看有没有机会能够帮忙。听她细聊，她为客户做的事，不是我简单几句话可以描述的，但肯定不是随意微信发几句关切的话语，或者打个电话。半年后，客户的情绪慢慢缓过来，大家真的成了好朋友，还给她介绍其他客户。

真正走心地处事，对方才会感觉得到你很用心。

每个人对人好的方式不一样，身边很多朋友什么都不缺，但每次出行，我都会带点小礼物，哪怕是伴手礼，也会用心选择，比如温柔内敛的姑娘，我选的口红颜色是豆沙色，比如平时高挑的小编姑娘，我会选择购物袋类型的包。有的时候生怕给朋友们买的礼物重复了，我还会备注好，前几次给他们买过什么。

对人对事的关心，情绪价值也是价值。琢磨客户心思的时候，人家的事情，我们是不是都记得住，都会记得关心，有机会的时候，能不能为对方做点什么。人性，都希望受到别人的关注。

见过一个高端私人会所营销特别厉害姑娘，我一个朋友是她的客户，还不算她们那里大客户。几个月不见，那天我正好也在，她连对方上次坐在哪个位置，聊了些什么话题都记得清清楚楚。那朋友当时的表情特别受用，因为从来没有被如此这般关注到。所以业绩好的人肯定是有原因的。

但是男女关系上，我不认为情绪价值也是价值，原谅我的双标，其实都是希望姑娘们更好。如果男性只能提供情绪，所有生活担子压在女孩子身上，那这样的价值就没用，谁都不想找个人拖后腿。

人和人相处，商业社会都会考虑对方价值，不要苛责。自身价值越大，涌向你的资源就越多，在现实面前做好自己就行。

剩男剩女也要活得漂亮

"所以姑娘们，这个世界哪有什么剩男剩女，不是说年纪大了，离异了，有小孩子了，就没有可能遇见幸福了。那只是老天想让你再等一等，想给你更好的。当然，在这个心情不是很美丽的时期，千万不要放弃工作的能力，想想某天脸上有颜，兜里有钱的时候，是不是更加有底气呢。"

一个姑娘经历了一些不太好的事情后，和我聊，说现在三十多岁，怕以后遇不到合适的人，工作上也是尴尬的年纪，有的公司生怕这个年纪的女孩子去结婚生子，不敢重用。

每个人都会遇到难事，但是难事都会过去的。

还记得有部电影《前任3》，前面剧情很搞笑，后面听说好多姑娘看哭了。我想哭的不是仅仅是剧情，而是在别人的故事里流自己的泪。谁没个前任，谁的新欢不是别人的旧爱。看完，可能很多事情都会释怀。

有的事情在念念不忘的过程中就忘记了，等不到的东山再起，也不要等了，想去照亮的路也不要去照亮了。余生那么长，一定要好好过。

感情这个事情，是你情我愿，棋逢对手，来一场彼此舒适的对弈。

有的数据显示，女性过了 28 岁，就是剩女。各种舆论、社会压力，催着自己尽快结婚生子。其实女性生活有很多种，可以选择在家安然地做家庭主妇，也可以选择在职场上拼搏，更可以选择自由职业，相对不受约束，当然前提得有养活自己的能力。不管男性女性，我认为活得舒适，比着急去结婚生子重要太多了。因为太多事一着急，就容易看不清。多少姑娘被辜负，多少老实人被骗。

在我们没有遇到合适的那个人的时候，就好好自己走，好好工作，多提升自己的能力。

还有女孩子为什么要那么努力工作，我们知道伸手问人要，总不能要一辈子吧。这个社会男人压力本身就比较大，听说日本有些男性，下班不着急回家，在酒馆喝点小酒再回家，可能是排解压力吧。

城市本身的高消费和快节奏，好些人不敢生孩子，进口奶粉不便宜，小孩子课外学习班不便宜，再有条件的，私立学校也不便宜，还有每年出国的游学等等，在现实面前，能够不努力吗？或许有的朋友说，那可以不用过那么好的日子，不过，我想真正到生儿育女那天，为人父母，我们都想给小孩子最好的。

女孩子为什么要那么努力去拼事业，是希望和男性一样，以后遇到一个真正喜欢的人，不要在意他有没有房子，有没有好车，不要在意他一个月赚多少钱，不要让你的感情败给现实，他没有的，我们可以自己来。或许这份独立，也更有底气去谈一些事情吧。只要你在他面前可以绽放，就够了。

说那么多，真的不是说不结婚。感情的事情，顺其自然，哪里强求得了。该在一起的，怎么都会在一起。不是一路人，怎么都会分开。

我的一位好朋友，最初她先生什么都没有，住着租来的房子，她付房租。那时候，我们生怕那个男孩子对她不好，都不看好这段感情。女人要真的喜欢了，那谁都劝不了。我们也就不劝她了，就说哪天不开心了。陪你喝酒，陪你玩，随叫随到。这个就是闺蜜直接的感情。

这个男孩子将最初赚到的第一个五百元，全部都给了她。短短三年时间，已经数不清有多少个五百元了。最初我们都以为他们结不了婚，都怕彼此父母不同意。这三年我看着他们结婚生子，买房子、又换了新车。我想也是有个足够好的女人，男人才会那么大的动力，去奋斗，去给她一个安稳。其实一个男人要娶你的时候怎么都会娶你，其他的都是借口。

今天的他们，白天各自在自己的领域忙得不亦乐乎，平时保姆和公公婆婆一起带孩子，晚上两人一起回家陪孩子。每次我去她家吃饭，看到的都是一副其乐融融的景象。

没有哪一样幸福会突如其来，她也是顶多大的压力，才收获了今天的幸福。那次在万象城的星巴克，她跟我说："我现在要的感情和物质没有关系了，你喜欢一个人，你感觉在他面前真正绽放了，就对了。"

我想这就是嫁给爱情的模样。

所以姑娘们，这个世界哪有什么剩男剩女，不是说年纪大了，离异了，有小孩子了，就没有可能遇见幸福。那只是老天想让再等一等，想给你更好的。当然，千万不要放弃工作的能力，想想某天脸上有颜，兜里有钱的时候，是不是更加有底气呢。

至于父母和三姑六婆的催促，看着你天天工作忙碌，国内国外飞，每个月给父母比他们工资还多很多的零花钱，看着你活得漂亮，他们安心些，自然会催促少一点吧。

　　自己的生活自己把控，不急不躁，学会该放下的就放下，好些走不出的状态，不过是在一场感情里，自己感动了自己，万事万物都会变，过好当下，活得漂亮就是最好的状态。

你以为的，只是你以为而已

"有的事情，有的机会，凭什么是你，我们都要给客户一个理由。还有自己以为的，不一定就符合市场规律。"

一份工作做久了，除了对专业的熟悉，也容易故步自封。社会竞争大，可以有自己的一方净土，可以坚守初心，但也要跟得上瞬息万变的节奏。

比如以前传统媒体，包揽了很多广告业务，现在很多金主的广告投放上也会选择新媒体，自媒体等，传统媒体人的日子可能会相对局限一点。有媒体朋友，从传统纸媒转战新媒体，再到公司视频部门等等，一样如鱼得水。如鱼得水的背后，都需要不停地学习和适应，不要故步自封。

先分享一个生活中的事情吧，在杭州我有一位敬重的老师和两位师姐。相识近十年，近几年大家发展都不错，也更加忙碌了，不过哪怕再忙，两三个月都会大家一起喝茶或者吃饭。

年前说好在我出国之前，大家聚一下。每次去师姐的茶苑，都被好茶好吃的招待着。师姐之前是全科医生，后辞职办企业，现在企业也做得挺好，估值上亿。席间，谈到女性生育年纪这个问题。在结婚嫁人这个观点上，之前我认同的，就是遇到合适的人，遇到愿意为他生子的人，遇到爱情了，再去嫁。不过，我忽略了一个事情，部分男性是要考虑女性生育年纪的，虽说现在技术先进，我身边也有35岁以后怀孕生子的姑娘，母子健康平安，只是从科学的大数据来看，生育这件事情，最好在35岁之前吧。那天喝茶，师姐坐在我对面，她说如果我公司招聘，担心有些没有结婚的女性，可能不太会为对方考虑，确实，对于自由自在的我们来说，考虑事情只需要把自己照顾好就行。也提到女性的生育年纪，年纪越大，风险也会越高。

结婚嫁人这个问题，在我原来的认知上，主要考虑爱情，其实那只是我的以为，爱情也要落到生活的实处，我忽略了柴米油盐，忽略部分男性要考虑的女性生育年纪。

谈了生活，再谈到职场。不管什么样的工作，特别是业务类工作，要想想，给客户一个埋单的理由。工作的事情，无论什么岗位，都有负责给我们埋单的人，比如领导，比如客户，凭什么选择我们的产品，凭什么聘用我们。很多个条件里，要求我们要比其他做到更好，才可能有更多的机会。谁不是铆足劲儿在努力，只是说与不说而已。

在一个行业待久了，一些操作手法和运营还算了解，就拿朋友圈的展示来说，大部分人都是展现好的一面。见过某位女老师，有些情怀的文艺人，展示的都是生活琐事或者自拍，不是说要一味展现工作，但每个行业都要学会主动吸引客户。

年纪不一样，职业不一样，我们做出的呈现真的需要认真思考。虽说某些领域的不是那么在意老师形象和气质，那如果整个

第三章 能力进阶

167

形象更加专业点，客户方是不是更欢迎呢。

后来和她探讨这个话题，她给到我的信息是，认为自己本身专业度够，评价也很好，相对其他的展示不那么重要，就跟着心情走。站在我的角度，是这么看的，任何工作竞争都大，在初始阶段，大家还不太了解她的时候，再专业，再有能力，客户是不知道的，那最基本的，怎么去呈现就显得额外重要。如果是和工作相关的事情，内容自然是要配合工作来展示，以生活带工作，轻描淡写，浓墨重彩都可以。

有的事情，有的机会，凭什么是你，我们都要给客户一个埋单理由。还有自己以为的，不一定就符合市场规律。新到一个地方，或者一个圈子，先看看架构，或者别人在做什么，成年的世界，都需要谨言慎行。

再独立，也别忘了示弱

弈翎说

"女性的温柔肯定是可以给你带来好处的，没有人喜欢和强势的人打交道。划重点，说话语速不要快，尽量让声音好听点，都是温柔的加分项。"

一直提倡独立自主的观点，慢慢发现很多姑娘独立的时候忘记了自己是女人，不懂得温柔和示弱。职场是不分男女，不过有时候通过性别优势，温柔一点，示弱就可以让自己轻松点，为什么不这么做呢？

我曾经遇到过一个场景，有位女性特别强势，当时在沟通某个课程。接通电话，对方比较自我地说："郭老师，我也是讲师出生，这个课程应该怎样等。"且不说沟通方式怎样，通过电波我感受到的除了强势还是强势，再有能够讲课的人，都有自己的思路和见解。以我的个性，这样的客户是没法沟通的，找了个借口，让助理去对接了。我不知道这样的沟通方式，她的家庭是否幸福，合作伙伴是否真的认可她。

内心变得强大后，不要忘记示弱，不要忘记温柔。

我还见识过一个厉害人物，这位女性不到四十的年纪，肤白貌美，在同龄人中保养得极好。说话轻声细语，语速缓慢，前期和谁接触，都让人如沐春风。听说，她有次去某部门办事，人家都准备下班了，不给办理了。她一去，轻言浅笑地说着话，加上声音又好听，对方硬是给她加班了半小时，把事情办好，还送她出门。

女性学会温柔肯定可以给你带来更多好处，没有人喜欢和强势的人打交道。说话语速不要快，尽量让声音好听点，都是温柔的加分项。在沟通方式上，不要一开始就否定，学会含蓄一点。

除了温柔外，懂得示弱。隔着时差和一位艺术地产的二代朋友聊天，当聊到男女话题上时，他也表示这个社会女人并不是家庭经济收入主力。努力，拼命要有，但也要明白，不要什么事情都自己扛，那社会还要男人做什么。工作中，见过特别拼命的姑娘，容易过得非常辛苦，拼命过头，不知道寻求帮助，就真的什么都要靠自己。人性，都容易妒忌，或者不喜欢对方比自己好。示弱，是在某些情况下，不需要那么强势，不需要展示自己什么都好，你足够好了，人家想帮你都没有空间。

职场中，寻求帮助和请教都是一种示弱，但更是一种能力。人和人的关系深入，肯定是有契机的，这个契机怎么开始，比如请教一件事情，下次表示感谢，喝茶请客等。不是说费尽心思，机关算尽去做这些事情。真诚地说道现在面临的问题，困惑等，那些愿意提点我们的人，都会帮忙出谋划策。

寻求帮助，也要明白，不是谁都愿意帮你，看好、想好了再去。人家帮助了我们，另外在我们力所能及的情况下，怎么去回报，这个社会不帮你是本分，帮你是情分，没有谁有责任和义务一定要帮我们。

从今天开始，不要强势得吓人，温柔地去坚持，某些问题的处理上，都不要忘记示弱。

婚姻里，请保持单身的能力

弈翎说 ▶

"男人，女人自身没有吸引力，勉强在一起只能是降低自己地位。没有谁给的了谁一辈子的安稳，上天给你的礼物，一开始就会标好价格。"

人生哪个阶段，最不能丢的就是独立。《我的前半生》这部电视剧，虽然已经播出有很长一段时间了，但里面的素材源于生活，离我们却很近。

很多自媒体，都在分享这样的观点："步调不同的两个人当然很可能分道扬镳，但如果你是那个给她羽翼，鼓励她掉队，卸甲归田的始作俑者，那么未来她掉队的风险，也请你一同承担。"

我一直觉得男女平等，凭什么自己掉队要别人承担。这个掉队，不是说女人就要做全职太太，或者就要赚多少钱，而是两个人有没有真正一起成长，有没有真正为了这个家去努力。

电视剧里，罗子君哭得泪人一样，说，"他说得呀，要养我一辈子的。"这句话足以看到女人的单纯。感情好的时候，什么话都可以说，什么承诺都可以许，可以说除了你家人以外我是对你最好的人。

但我更希望每个在职场拼搏的姑娘，都可以成为"唐晶"。成为"唐晶"，不是说不结婚，不谈恋爱，对婚姻失去信心，而是让自己的内心要变得强大，要在职场有能力独当一面，从容去面对一切。

我们这个行业，出差相对多些，比如上课两百天的老师，那一年基本上三百天时间都在外面出差。我自己一年有四分之一时间在苏浙沪上课，其余都穿梭在其他地方，加上来回路上的时间，一年一百多天在出差。在大家享受在家相夫教子，享受天伦之乐的时候，我都是在这个机场赶往下一个城市，再从城市赶往机场，去另一个城市。

安逸和收入是成反比的。强度不大，舒适的工作，自然不会有太多成长。职场的披荆斩棘，谁不是一路狂奔磨破多少头皮过来的。

我身边的女朋友们，有一些人生完孩子，依旧重返了职场。一位女友的先生每个月给到的家用是六位数，但她还是每天六七点就起来化妆，去单位上班。在特殊时期，大部分行业都受到影响，她带着团队自己摸索拍摄视频、粉丝引流等。70年代的人，再去学习新媒体的运营，对谁来说都是极大的挑战。可她却找到了新的契机，同行大部分业绩下滑的时候，她的公司却盈利稳步向前。

成熟的人，是不会相信对方说的，"你负责貌美如花，我负责赚钱养家"这种话的。现在社会压力大，生活成本高，真正喜欢一个人，怎么可能忍心看着对方一个人承担。再有，没有谁可以真正貌美如花一辈子。

现在的时代，男女从不对立，不需要谁依附谁，我们要协作共赢。自己有了足够的能力，才会活得更遵从内心。婚姻里保持单身的能力更多是让我们学会经济和精神都独立，在哪种变故中，才会处变不惊。